# 经济落后地区生态环境与经济发展的耦合关系研究

刘晓靓　著

西北工業大學出版社
西　安

【内容简介】 本书内容主要包括经济落后地区地理分布与生态环境关系分析、经济落后地区经济发展与生态环境保护的耦合关系、经济落后地区生态环境与经济协调发展的制约因素与原因分析、经济落后地区生态农业建设、经济落后地区生态工业建设、经济落后地区生态林业建设、经济落后地区生态旅游业建设和经济落后地区生态城镇建设共8章内容。

本书可作为高等院校相关课程的教学用书，也可供从事研究工作的人员参考。

图书在版编目（CIP）数据

经济落后地区生态环境与经济发展的耦合关系研究 / 刘晓靓著. — 西安：西北工业大学出版社, 2020.2
ISBN 978-7-5612-6976-3

Ⅰ. ①经… Ⅱ. ①刘… Ⅲ. ①不发达地区-生态环境建设-关系-区域经济发展-研究-中国 Ⅳ. ①X321.2 ②F127

中国版本图书馆CIP数据核字(2020)第023077号

JINGJI LUOHOU DIQU SHENGTAI HUANJING YU JINGJI FAZHAN DE OUHE GUANXI YANJIU
经济落后地区生态环境与经济发展的耦合关系研究

责任编辑：张 潼 策划编辑：雷 鹏
责任校对：孙 倩 装帧设计：吴志宇
出版发行：西北工业大学出版社
通信地址：西安市友谊西路127号 邮编：710072
电 话：（029）88493844，88491757
网 址：www.nwpup.com
印 刷 者：北京市兴怀印刷厂
开 本：710 mm×1 000 mm 1/16
印 张：12.25
字 数：224千字
版 次：2021年1月第1版 2023年4月第2次印刷
定 价：68.00元

# 前　言

我国广大贫困地区生态环境脆弱，不合理的开发利用极易造成生态环境的破坏，但贫困地区的人们出于对富裕生活的向往及脱贫致富的巨大压力，往往不计后果地大量引进在发达地区面临淘汰的企业，毁灭性地开发当地的自然资源，使原本脆弱的生态环境遭到进一步破坏。同时，由于欠发达地区生产力水平低下，严重缺乏治理环境所需的资金和技术，治理难度比发达地区更大，生态环境更加难以得到治理和优化。生态环境的破坏反过来又加剧了对生产和生活行为的制约，其结果不仅难使贫困状况得到根本改善，反而更加抑制了现有资源潜力的充分发挥，最终陷入“环境脆弱—贫困—掠夺资源—环境退化—进一步贫困”的困境而难以自拔。所以，在贫困地区的脱贫致富过程中如何处理经济发展与保护和优化生态环境的关系，实现经济效益与生态效益的统一，对于今天的贫困地区及全国社会经济的可持续发展都具有非常关键的意义。

近20年来，我国的学术界对贫困地区的可持续发展做了较多的研究，但绝大多数理论研究和实践都是以政府为潜在的对话主体，大多直接或间接地针对政府的要求或政策而进行，这种理论研究和实践的缺陷最终造成贫困地区生态环境保护的主体性的缺失。多年来，贫困地区的过度放牧、毁林、乱开乱采矿产资源、工业污染等破坏生态环境的现象屡有发生，贫困地区的生态环境问题日益严重，且治理效果日益式微，因生态环境问题而造成的返贫现象也在增多，这一切都说明了现有某些脱贫模式存在着重大弊端。因此，我们一方面要从贫困地区人们的主体需要出发，从贫困地区的落后现状出发，发展贫困地区的生态耕作业、生态畜牧业、生态工业、生态林业和生态旅游业；另一方面，要完善贫困地区的社会保障体系、建设生态补偿机制、明确生态资源的产权关系、消除城乡二元格局，并加强思想教育，实现观念更新。在经济发展的同时保护和改善生态环境，才是贫困地区真正实现脱贫致富的现实路径。本书正是立足于此，希望能够通过对经济落后地区的产业配置与环境发展关系的研究，为我国落后地区的经济可持续发展提供一定的思路。

本书分八章对研究主题进行阐述，第一章至第三章对环境与经济的关系进行了深入的分析与研究，主要内容包括经济落后地区的地理分布及其与生态环境的关系、经济落后地区经济发展与生态环境保护的关系以及经济落后地区生态环境与经济发展的制约因素分析；第四章至第八章从不同的角度对经济落后地区环境与经济的发展进行了研究，主要包括经济落后地区生态农业的发展、经济落后地区生态林业的发展、经济落后地区生态旅游的发展、经济落后地区生态工业的发展、经济落后地区生态城镇建设等内容。全书从理论上阐释了欠发达地区生态与经济协调发展的辩证关系，通过分析欠发达地区生态与经济协调发展的潜在优势与实现条件，既拓展了后发优势理论，又丰富了追赶理论的学术观点。深入分析了欠发达地区生态与经济协调发展的主要制约因素，并对其原因进行了深入的剖析，从而进一步拓宽和深化了发展经济学和生态经济学的相关理论。探寻了欠发达地区生态与经济协调发展的主要制约因素，为欠发达地区充分发挥后发优势、突破生态与经济协调发展的阻碍、实现跨越式永续发展提供了决策参考。以环境经济学、区域经济学、发展经济学，产业生态学为基础，从经济发展、生态保护协同视角，客观地判断欠发达地区生态与经济协调过程中的“症结”，以多学科的观点和理论进行全新路径的探讨，针对“症结”提出了有针对性、可操作性、指导性的政策建议。

在写作过程中参考了众多专家学者的研究成果，在此表示诚挚的感谢！

由于时间和精力的限制，本书的研究内容可能会出现疏漏，恳请广大读者积极给予指正，以便使本书不断完善！

著　者

# 目　录

# 第一章 经济落后地区地理分布与生态环境关系分析

国家统计局发布的数据显示，中国脱贫攻坚成效明显。按照现行农村贫困标准计算，2020年初农村贫困人口551万人，比上年初减少1 109万人；贫困发生率0.6%，比上年下降1.1个百分点。2019年，经济落后地区农村居民人均可支配收入10 371元，比上年增加994元，名义增长10.6%，扣除价格因素，实际增长8.3%，实际增速高于全国农村增速1.7个百分点，圆满完成增长幅度高于全国增速的年度目标任务。2013年至2019年，经济落后地区农村居民人均可支配收入年均名义增长12.1%，扣除价格因素，年均实际增长10%，实际增速比全国农村平均水平高2.3个百分点。2019年经济落后地区农村居民人均可支配收入相当于全国农村平均水平的71%，比2012年提高8.9个百分点，与全国农村平均水平的差距进一步缩小。

目前，这些贫困人口大部分集中分布在石山区、深山区、高寒山区、荒漠区、黄土高原区和水库库区等集中连片地区内。相对于我国14亿多的人口总数来讲，贫困人口所占比例不算高，但是绝对数量不少，相当于世界上一个中等国家的人口。当前，把我国的经济落后地区分布与生态脆弱地带进行联系研究，就会发现我国经济落后地区的长期刚性地理分布与这些地区的生态环境脆弱具有高度的相关性。在经济落后地区，其表面是经济贫困，而更深层次意义往往是生态贫困。在经济落后地区的经济社会发展中，只有切实加强环境保护，才能巩固脱贫成果并防止返贫现象发生，最终真正实现共同富裕。

## 第一节 经济落后地区地理环境分布分析

### 一、经济落后地区的含义

经济落后地区一般是指贫困人口集中，经济、社会、文化发展落后的集中连片地区。它具有丰富的经济和社会内涵，不能绝对化地理解。经济落后地区一般应包括以下几层含义：首先，经济落后地区是指教育落后，文盲和半文盲率高，收入水平和生活水平一般都低于全国平均水平的地区。其次，经济落后地区是一个相对的概念。所谓经济落后地区，它是相对于发达地区而言的。我国三大经济带中，相对于东部沿海地区中的上海、广东、江苏、浙江等发达地区来说，西部地带中的新疆、西藏、青海、宁夏、甘肃、贵州、云南、四川西部地区等，中部地带中的黑龙江、内蒙古、山西北部地区、陕西北部地区、安徽北部地区、河南东部地区等，可视为贫困地区。但在东部沿海发达地带中，也含有广东北部地区、沂蒙深山区等贫困落后地区，在中部地带的次发达地区和西部地带的不发达地区中，也含有异军突起的局部发达地区。再次，经济落后地区是一个动态发展范畴，在不断地发生变化。经济落后地区不仅在自我纵向比较中呈现出不断发展变化的趋势，而且有的贫困地区，还会在外部因素的影响下，跳跃式地赶上甚至超过某些发达地区。如深圳特区，就是在我国对外开放、对内搞活的情况下，在改革中实行了特殊政策，大胆引进国内外的资金、技术、人才、设备和管理经验，使之由原来一个普通的荒凉小镇，一跃成为我国现代化的工业城市。湖北的襄樊、沙市，贵州的贵阳、都匀，河南的安阳等，都是后来者居上的典型。

到目前为止，国内外还没有形成一个被普遍接受的关于经济落后地区的统一评价标准。本书认为，从理论上讲，为了评价的全面性和客观性，应该努力构建一个科学的统计指标体系。但实际的情况是，由于统计数据的限制，理论上的科学性往往与客观实际存在天壤之别。在当前的条件下，比较简单且切实可行的做法是，以县为单位，把国家级贫困县视为经济落后地区标准线，把各省人均收入低于该省平均水平的县、市(县级市)、区定位为经济落后地区。这种评价方法在理论上是站得住脚的，在实践上也得到了广泛的认同。

## 二、经济落后地区的类型划分

经济落后地区是一个具有宽广外延和丰富内涵的概念，可以从以下角度进行划分。

### （一）按照自然条件不同划分

按照自然条件的不同，可以把经济落后地区划分为四种类型：第一，沙化盐碱型经济落后地区。如河南的东部地区，河北的衡水、沧州地区，山东的德州、济宁、菏泽地区等。第二，沙漠干旱经济落后地区。如内蒙古、新疆的大部分地区。第三，灾害型经济落后地区。如河南的开封、驻马店、周口、商丘地区，安徽的阜阳、宿县等地区，这些地区每年都出现一些局部甚至大范围的旱、涝、雹等灾害，结果造成粮食减产、农业欠收、收入降低，长期处于贫困落后状态。第四，偏远型经济落后地区。在全国 2 000 个县中，约有 60%的县位于山区和边远地区，其中约有 1/3 的人口处于贫困状态中。

### （二）按照资源状况划分

按照资源状况，可以把经济落后地区划分为两种类型：第一，自然资源贫乏型经济落后地区。这类贫困落后地区，地下无矿产资源，地上无旅游资源，农业基础脆弱，工业基础薄弱，文化教育落后，经济发展缓慢。第二，自然资源较丰富，但目前尚处于未开发状态的经济落后地区。这类经济落后地区虽地下藏有某种矿产资源，但由于种种原因，尚未开采，资源优势不能转化成产品优势和经济优势，还一直处于贫困状态。

### （三）按照区域划分

按照区域分类，可以把经济落后地区划分为两种类型：第一，偏远少数民族贫困地区。如西藏、青海、新疆、内蒙古、甘肃、宁夏、云南、贵州等，这些地区由于地理位置偏远，交通运输条件差，文化教育落后，经济水平低，自然资源优势得不到充分发挥，因而处于贫困状态。第二，省际接壤处的经济落后地区。如云贵接壤处的贫困地区，陕川接壤处的秦巴山贫困地区，陕甘接壤处的贫困地区，苏鲁豫皖接壤处的贫困地区等。

## 三、我国经济落后地区地理分布

近期有数据显示，按现行国家农村贫困标准测算，截至2019年末，全国农村贫困人口551万人，比上年末减少1 109万人，下降66.8%；贫困发生率0.6%，比上年下降1.1%。全国农村贫困人口继续大幅减少，贫困发生率显著下降，贫困地区农村居民收入增长幅度高于全国农村平均水平。

党的十八大以来，全国农村贫困人口累计减少超过9 000万人。截至2019年末，全国农村贫困人口从2012年末的9 899万人减少至551万人，累计减少9 348万人；贫困发生率从2012年的10.2%下降至0.6%，累计下降9.6个百分点。

据国家统计局全国农村贫困监测调查，分三大区域看，2019年末农村贫困人口均减少，减贫速度均超上年。西部地区农村贫困人口323万人，比上年减少593万人；中部地区农村贫困人口181万人，比上年减少416万人；东部地区农村贫困人口47万人，比上年减少100万人。

分省看，2019年各省份贫困发生率普遍下降至2.2%及以下。其中，贫困发生率在1%～2.2%的省份有7个，包括广西、贵州、云南、西藏、甘肃、青海、新疆；贫困发生率在0.5%～1%的省份有7个，包括山西、吉林、河南、湖南、四川、陕西、宁夏。

2019年，贫困地区农村居民年人均可支配收入11 567元，比上年名义增长11.5%，扣除价格因素，实际增长8.0%；名义增速和实际增速分别比全国农村高1.9和1.8个百分点。工资、转移、财产三项收入增速均大于全国农村居民该项收入增速。

数据显示，党的十八大以来，贫困地区农村居民人均可支配收入年均实际增速比全国农村的高2.2个百分点。2013年至2019年，贫困地区农村居民人均可支配收入增速分别为16.6%、12.7%、11.7%、10.4%、10.5%、10.6%和11.5%，年均名义增长12.0%，扣除价格因素，年均实际增长9.7%，实际增速比全国农村平均增速高2.2个百分点。2019年，贫困地区农村居民人均可支配收入是全国农村平均水平的72.2%，比2012年提高10.1个百分点，与全国农村平均水平的差距进一步缩小。

# 第二节　经济落后地区与生态脆弱地带相关度分析

## 一、生态脆弱地带的含义

20世纪，随着全球生态环境问题的日益加剧，关于生态脆弱地带(也称生态敏感地带)的研究在全球引起了普遍重视。60年代的国际生物学计划(IBP)、70年代的人与生物圈计划(MAB)、80 年代的地圈-生物圈计划(IGBP)，都对生态脆弱地带进行了探讨。1988 年在布达佩斯召开的第七届国际科联环境问题科学委员会(SCOPE)大会上，明确了生态脆弱地带概念，并且呼吁国际生态学界加强对生态脆弱地带的研究。

我国关于生态脆弱地带的研究始于20世纪80年代。但在早期的研究中，生态交错带、生态脆弱带、生态脆弱区、脆弱生态区等名称几乎是通用的，如牛文元将Ecotone译作"生态环境脆弱带"，并将其定义为"在生态系统中，凡处于两种或两种以上的物质体系、能量体系、结构体系、功能体系之间所形成的界面，以及围绕该界面向外延伸的过渡带的空间区域"。[①]此后，常学礼等人在分析前人研究成果的基础上，认为牛文元所提出的生态脆弱带正是现实意义上的生态交错带，但并非所有的生态交错带都是脆弱生态环境，只有具有敏感退化趋势的生态交错带才被称为生态脆弱带。也就是说，脆弱性是敏感性和环境退化趋势的统一，缺一不可。[②]

1992年，联合国在巴西里约热内卢召开了"环境与发展"大会，各国达成了人类要彻底改变传统的发展观念的共识，并制定了《21 世纪议程》，把保护自然生态环境问题提到了全世界的议事日程。1994 年中国政府发布了《中国 21 世纪议程——中国 21 世纪人口、环境与发展白皮书》，从国情出发，提出了中国可持续发展战略的关键在于建立环境与经济的综合决策机制。从此，脆弱的生态环境引起了政府的高度重视，学术界的研究成果也随之大量增加，对生态脆弱地带也提出了各种各样的定义。

---

① 牛文元．生态环境脆弱带 ECOTONE 的基础判定[J]．生态学报，1989(2)：97．

② 常学礼，赵爱芬．生态脆弱带的尺度与等级特征[J]．中国沙漠，1999(2)：115-119.

王国认为，生态脆弱地带也称脆弱生态区，是指生态条件已成为社会经济继续发展的限制因素或社会经济按目前模式继续发展时将威胁到生态安全的区域，是自然区域、经济区与行政区的综合体现，并具有明显时效性。①

冉圣宏等人认为，对脆弱生态区的理解应包括以下四方面：①生态环境的脆弱性是针对人类经济活动而言的，抛开人类的经济活动，就无所谓脆弱可言；②对于那些极端贫瘠，根本不能承载任何人类经济开发活动的荒漠地带来说，不存在所谓的脆弱性；③脆弱生态区不应是孤立的，而应该是在考虑了它与相邻区域之间的“互补”作用后，仍然具有脆弱性，即脆弱生态区应有一定的区域范围；④脆弱生态区是一个宏观的概念，它应该包括各种不同类型的环境区域，即无论其成因、内部环境结构、外在表现形式和脆弱程度如何，只要它在外界的干扰下易于向环境恶化的方向发展，就都应该视其为脆弱生态区。②

黄成敏等人，将生态脆弱区定义为在人为或自然因素的多重胁迫下，生态环境系统或体系抵御干扰的能力较弱、恢复能力不强，且在现有经济和技术条件下，逆向演化趋势不能得到有效控制的连续区域。③

综合分析上面的各种论述，笔者认为，生态脆弱地带一般应包括两层含义：一是指介于两种或两种以上具有明显差异性的生态环境之间的过渡或交错地带；二是指生态环境的变化将引起土地生产力的明显下降乃至消失，进而导致经济严重衰退的地带。它最显著的特征：第一，生态资源匮乏，环境容量低下，土地生产力偏低，人口承载量小，物质能量交换在低水平下进行，当人类生产活动超过允许的环境承载量时，就极易引起资源量失衡和土地退化，甚至生态环境恶化；第二，气候变化大，在相同的时间内，它的气候变动率超过其他地区；第三，生态环境的稳定性较差，在同样的影响力下，它的变动要远远超过其他地区；第四，生态环境恢复功能低，自我调节能力明显低于其他地区，生态系统的稳定性差，人们的不合理行为极易造成生态环境的恶化。

---

① 王国．我国典型脆弱生态区生态经济管理研究[J]．中国生态农业学报，2001(4)：9．

② 冉圣宏，金建君，薛纪渝，等．脆弱生态区评价的理论与方法[J]．自然资源学报，2002(1)：117．

③ 黄成敏，艾南山，姚建，等．西南生态脆弱区类型及其特征分析[J]．长江流域资源与环境，2003(5)：467-472．

## 二、我国生态脆弱地带的地理分布

我国北方的生态脆弱地带东起吉林西部白城，经河北、内蒙古、山西、陕西一直到宁夏东南部，大致呈两端小而中间宽的东北—西南走向。

我国南方的生态脆弱地带主要包括非规则性的两部分：一是亚热带花岗岩系、红色岩系和红土分布的东南沿海及江南丘陵地区，主要分布在豫南、皖南、鄂北、湘南、浙西及赣、闽、粤部分地区；二是位于西南高原、高山边缘的川、滇、黔等丘陵山区和横断山脉中的干热及干旱河谷地区。从地貌特征看，可认为这种地区主要包括一、二级台地过渡带及西南喀斯特地貌类型地区。

我国生态脆弱地带又可以分成各种不同的类型。根据赵跃龙、刘燕华两位学者的研究，我国的生态脆弱地带可分为“北方半干旱-半湿润区”“西北半干旱区”“华北平原区”“南方丘陵地区”“西南山地区”“西南石灰岩山地区”“青藏高原区”等七大类型。其中“北方半干旱-半湿润区”生态脆弱地带呈宽窄相间的条状分布，其范围北起大兴安岭西麓，东至科尔沁沙地，西至河西走廊东端。毛乌素沙地到黄土高原段南北范围最宽，达300余千米；西北干旱地区生态脆弱地带呈环带分布，包括天山山脉南坡和昆仑山北坡的环状带与从祁连山北坡的河西走廊至罗布泊的条带；华北平原地区生态脆弱地带的分布范围大致从黄河花园口至黄河冲积平原并延伸至渤海滨海平原和苏北滨海平原口，呈不连续分布；南方丘陵山地生态脆弱地带的分布范围大致与长江以南红层盆地与丘陵的区域相当，呈不连续分布，较集中的地域有浙皖低山丘陵、赣中南丘陵、湘赣丘陵、湘中和南岭山地等；西南山地生态脆弱地带分布区域集中于横断山脉中段，其中干旱河谷及盆地最为脆弱；西南石灰岩山地生态脆弱地带分布范围大致从长江大巴山东段向南延伸至川—鄂、川—贵、滇—桂接壤区；青藏高原生态脆弱地带分布于雅鲁藏布江中游各地。[①]

## 三、经济落后地区与生态脆弱地带相关度分析

我国的学者在对生态脆弱地带的研究中发现，经济落后地区与生态脆弱地带

---

① 赵跃龙，刘燕华．中国脆弱生态环境类型划分及其范围确定[J]．云南地理环境研究．1999(2)：35-41．

具有很强的相关性：在划入生态脆弱地带的国土面积中，约有 76%的县是贫困县，占贫困县总数的 73%；在生态敏感地带的耕地面积中，约有 68%的耕地面积在贫困县内，占贫困县耕地总面积的 74%；在划入生态脆弱区地带的人口中，约有 74%的人口生活在贫困县内，占贫困县总人口的 81%。

我国的经济落后地区与生态环境脆弱地带具有如此高度的相关性，而生态脆弱地带对人类经济活动的承受力低下，人们的不合理开发利用更容易造成生态环境的恶化。如北方的干旱区，土地开发利用的不合理容易造成荒漠化；在南方的生态脆弱山区，植被森林被破坏后极易形成水土流失甚至洪涝灾害。所以，在我国的广大经济落后地区，其表层特征是经济贫困，而其深层原因往往是环境贫瘠。在经济落后地区的经济发展过程中我们应十分注意生态环境的保护问题，在生产建设和经济发展过程中要切实加强生态环境的保护，真正处理好经济发展同生态环境保护的关系，实现经济落后地区的脱贫致富过程与其生态环境的保护和改善过程相统一，只有这样才能有效地消灭贫困，并防止返贫现象发生。

## 第三节　经济落后地区生态环境问题

经济落后地区生态环境问题既包括“干旱、高寒”等原生性的环境问题，也包括“三废污染”等派生性的环境问题。但经济落后地区生态环境问题更多的是由于人类自身的不合理行为引起的生态平衡被破坏，从而反过来限制人类的持续发展，最终陷入贫困和环境破坏恶性循环的怪圈之中。

### 一、农业资源锐减

众所周知，我国面积广阔、资源丰富，资源总量居世界前列，但由于人口众多，人均资源占有量很少，农业资源的人均占有量均低于世界的平均水平。我国淡水资源丰富，大江大河较多，但淡水人均占有量仅为世界平均水平的 1/4，耕地资源更是只有世界平均水平的 1/7，庞大的人口数量与农业资源之间的矛盾尖锐地存在着。

#### （一）水资源

我国水资源总量超过 28 000×$10^8$ 亿 $m^3$，居世界第 6 位，但我国人均水资源仅为世界人均的 1/4，列世界第 88 位。此外，我国水资源在时间和空间上的分布也存在很大的问题，长江以南地区的水资源丰富，但耕地资源却只占我国耕地资源的 1/3，而北方地区(尤其是华北与西北地区)水资源匮乏，只占不到我国水资源总量的 1/5，耕地面积却占我国耕地面积的 2/3，可以说我国北方地区的水资源极为匮乏。

我国的人口分布也不均匀，经济发展区域性较强，因此在人口要素与经济要素的影响下，不同区域的水资源使用状况以及指标差异相对较大。如果用每创造 1 万元 GDP(国内生产总值)的用水对各个省份的用水状况进行衡量，将每万元 GDP 用水量 1 000 m3 作为基本标准，北方地区除北京、天津、河北、山东、辽宁等少数地区外，其余地区均大于这个标准，新疆、宁夏地区甚至高于 4 000 m3，这大大超出了我国水资源的承受能力。

从生产角度来说，农业作为传统的用水大户，一直是我国水资源的主要消耗渠道之一。水利部在《2016 年中国水资源公报》(以下简称《公报》)中有如下统计："2016 年，全国用水总量 6 040.2 亿 $m^3$，其中农田灌溉川水占 63.7%，林牧渔用水占 5.5%，工业用水占 20.7%，城镇生活用水占 4.8%，农村生活用水占 5.3%。全国农业每年正常用水缺少 300 亿 $m^3$，农村有 8 000 万人口、6 000 万头牲畜饮水困难。"

美国作为世界上的农业发达国家，只有约 10%的土地需要水浇地才能进行种植活动，在我国这个比例超过 70%，有些统计资料显示的数据甚至更高。随着我国农业基础设施建设的不断完善，北方地区的旱地大多进行了旱改水生产，这使得本来就缺水的北方地区面临的形式更加严峻，城市与农村地区的生活用水也受到了一定影响。中国农业大学的一位教授《关于中国农业资源的调查资料》中指出："粮食产量占中国的 40%的华北平原，大部分地区地下水位平均每年下降 1.5 m，已形成 1.5 万～2 万 $km^2$ 的地下水位漏斗区。"地下水的过度开发，使得北方地区的河流水资源受到了影响。黄河流域水资源的过度利用，造成了黄河断流，1997 年黄河断流曾长达 226 天!联合国人口统计项目显示，到 2030 年，我国人口将增长到 15 亿人，即使人均消费量不变，我国对水的需要也将在现在的水平上提高 1 / 4。在占整个供水系统 85%的农业需水不断增加的同时，占 15%的非农用水还将会增加近 5 倍。美国学者莱斯特·布朗认为，中国越来越突出的水资源短缺，农用水源急剧减少，将显著增加粮食进口需求，并使世界粮食总的进口需求超过总的出口供给，从而威胁到世界的粮食安全。

## （二）耕地资源

我国土地总面积居世界第三位，但人均土地面积仅为0.777 $hm^2$，相当于世界人均水平的1/3。截至2000年底，我国耕地面积1.28亿$hm^2$，人均耕地面积0.101 $hm^2$，不足世界人均耕地的一半。我国耕地总体质量不高。全国大于25°的陡坡耕地近600万$hm^2$，有水源保证和灌溉设施的耕地面积只占40%，中低产田占耕地面积的79%。全国已有约1/3的省份人均耕地已经不足0.067$hm^2$的标准。我国耕地利用程度高，目前垦殖率已达13.7%，超过世界平均数3.5个百分点。2000年，全国占用耕地156.6万$hm^2$，其中建设占用16.3万$hm^2$，生态退耕76.3万$hm^2$，农业结构调整占用5.78万$hm^2$，火毁耕地6.2万$hm^2$，补充耕地29.2万$hm^2$，其中开发未利用土地18.4万$hm^2$，复垦废弃地6.6万$hm^2$，土地整理4.2万$hm^2$。占补平衡后，2000年实际占用耕地127.5万$hm^2$。由于建设用地的增长和国家正在实施的退耕还林还草工程，我国人均耕地面积仍将进一步减少。

据监测，我国耕地土壤有机质含量普遍较低，平均只有1.8%，旱地有机质仅为1%左右，与欧美国家相差1%～3%。近年来，我国缺钾耕地面积不断增加，1985年缺钾耕地占总面积的31%，到1995年，缺钾耕地面积已占56%。全国约50%以上的耕地微量元素缺乏，70%～80%的耕地养分不足，20%～30%耕地养分过量。由于有机肥投入不足，化肥使用不平衡，造成耕地土壤退化，耕层变浅，耕性变差，保水保肥能力下降。近年来西北、华北地区频繁出现大面积沙尘暴，与耕地理化性状恶化、团粒结构破坏有十分密切的关系。

目前全国共有沙化土地168.9万$hm^2$，占国土面积的17.6%，主要分布于北纬35°～50°，形成一条西起塔里木盆地，东至松嫩平原西部，全长4 500 km，南北宽约600 km的风沙带。

## （三）森林资源

我国在历史上曾经是一个森林资源十分丰富的东方大国，西周时期仅黄土高原的森林覆盖率就高达53%。由于长期破坏，逐步成为少林国家，新中国成立时全国森林覆盖率仅为8.9%。根据第五次全国森林资源调查结果显示，目前我国森林总面积为15 894万 $hm^2$，但我国人均占有森林面积仅为0.1 $hm^2$，相当于世界人均水平的17.2%，居世界第119位。人均森林蓄积量为8.6$m^2$，相当于世界人均水平的12.0%，是人均占有森林蓄积量较低的国家之一。我国森林的覆盖率为16.55%，也明显低于世界26.0%的森林覆盖率水平。

### （四）草地资源

我国是草地资源大国，拥有天然草地3.9亿 $hm^2$，约占国土面积的40%，居世界第二位，但人均草地面积仅0.33 $hm^2$，约为世界人均草地面积的1／2。同时，我国草地可利用面积比例较低，优良草地面积小，草地品质偏低；天然草地面积大，人工草地比例过小。天然草地的面积逐步减小，质量不断下降；草地载畜量减少，普遍超载放牧，草地“三化，(退化、沙化、碱化)不断扩展。目前，我国90%的草地不同程度地退化，其中中度退化以上草地面积已占半数。全国“三化”草地面积已达1.35亿 $hm^2$，占草地总面积的1／3，并且，还以每年200万 $hm^2$ 的速度增加，草地生态环境形势也十分严峻。

### （五）生物资源

我国是一个土地辽阔，人口众多的农业大国，由于气候、土壤、农耕制度多样，加之几千年的农业历史，形成了种类多、分布广、数量大的农业生物资源。我国也是生物多样性丰富的国家，有高等植物30 000种，占世界的10%，居第三位，其中裸子植物250种；有脊椎动物6 347种，占世界的14%，其中鸟类1 244种，鱼类3 862种，均属世界前列。属中国特有的高等植物17 300种，脊椎动物667种。

近年来，在人口增长和经济迅速发展的压力下，我国农业生态系统受到深刻影响，农业生物多样性受到严重威胁。近50年来，约有200多种高等植物灭绝，目前约有4 600种高等植物处于濒危状态，其中被子植物有4 000多种受到威胁，珍稀濒危种1 000种，极危种28种，已灭绝或可能灭绝种7种；裸子植物濒危和受威胁63种，极危种14种，灭绝种1种；脊椎动物受威胁433种，灭绝和可能灭绝10种。分析受威胁的原因，一是由于土地加速开发和利用不合理，致使农业生态系统单调化；二是农业环境污染使生态系统和物种遭到破坏；三是对野生动物的盲目猎杀和对珍稀植物的过度采集；四是农业生产普遍推广高产品种，忽视了土著种、低产种的收集保护，导致大量农作物种散失。专家预测，随着农业生产的发展，农业生态系统中存在的珍稀濒危物种所受的威胁将更加严重。

## 二、生态严重破坏

### (一) 水土流失

目前，全国水土流失面积达 367 万 $hm^2$，占国土面积的 38.2%，其中水蚀面积 179 万 $hm^2$，风蚀面积 188 万 $hm^2$。目前，全国荒漠化上地面积已达 262 万 $hm^2$，且还以每年 2 460 万 $hm^2$ 的速度扩展；长江流域 60%的泥沙来自中上游开垦的坡地，仅四川、重庆每年流入长江的泥沙达到 5 亿～6 亿 t，陕西每年流入黄河泥沙达 5 亿～8 亿 t。水土流失导致每年流失土壤 50 亿 t，减少土地 6.67 多万 $hm^2$，损失的肥力相当于 4 500 万 t 化肥。全国“八七”扶贫计划所确定的 592 个贫困县，约有 80%属于水土流失严重区。

### (二) 农业生态系统破坏

在农区残存的野生生态环境方面，由于我国目前的野生生态环境被列为宜农荒地，受到大面积开垦，数量越来越少，面积也越来越小，受人类活动的影响程度越来越大。在保护区内与周围的农牧区生态系统受威胁的程度也相当严重。在湿地生态系统方面，我国原有湿地面积 9 500 万 $hm^2$，占世界湿地面积的 10%以上，列世界第四位，其中天然湿地 2 600 多万 $hm^2$，包括沼泽 1 100 万 $hm^2$，湖泊 1 200 万 $hm^2$，滩涂和盐沼地 210 万 $hm^2$。现在只有湿地 5 000 万 $hm^2$，且原始面貌已部分消失或大为改观。由于水土流失导致湖泊淤积，1950—1980 年，我国自然湖泊从 2 800 个减少到 2 500 个，减少了 10.7%，湖泊的总面积减少了 11.5%。

### (三) 沙尘暴

2000 年春季，我国北方地区沙尘天气频繁。3—5 月中旬，两个多月时间内就先后出现了 14 次较大范围的扬沙、沙尘暴或浮尘天气，出现的频率之高、范围之广为多年罕见。影响我国的沙尘源地境外主要是位于中国西北部的部分国家。境内源地位于哈密、额济纳和阿拉善地区、河套以西地区以及浑善达克沙漠西部边缘地区，沙尘的输送距离和影响范围主要由天气形式决定。

### （四）地面沉降

根据21个省级行政区对“地下水位降落漏斗”(以下简称“漏斗”)的不完全调查，共统计漏斗72个，漏斗总面积6.1万$hm^2$。2000年，东北、华北和西北地区因降水量普遍较小及主要城市开采量增加，地下水水位总体呈下降趋势。东南、中南和西南地区因降水量较大、地下水开采程度相对较低，地下水水位变化较为平衡。黄淮地区由于地下水开采量的不断增加和降水量的减小，近年来地下水位不断下降，地下水降落漏斗中心水位埋深在不断增大。河南豫北地区和山东西北地区的地下水降落漏斗已连成一片，形成包括北京和天津在内的华北平原地下水漏斗区，面积超过4万$km^2$。

### （五）酸雨

我国降水年均pH＜5.6的城市主要分布在长江以南、青藏高原以东的广大地区及四川盆地，其中华中、华南、西南及华东地区是酸雨污染严重的区域，北方只有局部地区出现酸雨。2000年，监测的254个城市中，降水pH值在4.10～7.70，157个城市出现过酸雨，占61.8%，其中92个城市降水年均pH＜5.6，占36.2%。“酸雨控制区”中102个城市和地区降水年均pH值在4.10～6.90，其中95个城市出现酸雨，占93.1%；72个城市降水年均pH＜5.6，占70.6%。酸雨往往对农作物、农田土壤、农业灌溉水造成不可逆转的危害。

### （六）赤潮

2016年，我国沿海共发现赤潮50多次，其中毒赤潮超过10次。2016年，我国沿海赤潮高发期为5—6月，5月发现赤潮19次，累计面积1 593$km^2$；6月发现赤潮15次，累计面积511$km^2$。引发赤潮的优势种共13种，多次或大面积引发赤潮优势种主要有东海原甲藻和抑食金球藻。浙江中部近海、辽东湾、渤海湾、杭州湾、珠江口、厦门近岸、黄海北部近岸等是赤潮多发区。赤潮发生给近海渔业带来不可估量的损失。

# 第二章　经济落后地区经济发展与生态环境保护的耦合关系

经济落后地区经济发展与生态环境保护之间是一种既对立又统一的关系。在社会发展的不同阶段，人们对生态效益与经济效益的评价值是不同的。在经济发展水平较低的阶段，人们一般对生态效益的评价值比较低，而对经济效益的评价值却比较高，这就会产生以牺牲生态效益来换取经济效益的行为。但从总的、长远的利益看，经济效益和生态效益又是统一的，因为生态环境的恶化会阻碍生产的发展，降低产品的市场价格，从而影响其经济效益。同时，经济效益和生态效益的统一性还表现在随着经济落后地区社会经济的发展，人们对生态环境的社会评价值及要求也随之提高。由此对生态环境的重视和保护程度也会加强，破坏生态效益的生产方式会被否定和淘汰，而有利于生态效益与经济效益协调发展的生产方式则会得到社会的进一步鼓励和支持。所以，从长远及理性的角度来看，经济发展同生态环境优化完全有整合的必要性和可能性。

## 第一节　经济发展与生态环境相互关系分析

众所周知，生态环境是经济发展的前提条件，它为人类的生产和生活提供能源、原材料，同时消解和转化人类活动所产生的废弃物质和能量，实现人类活动与自然界的物质循环和能量循环。经济发展与生态环境之间是一种紧密的相互影响、相互制约关系。经济的可持续发展要以生态环境的良性循环为基础，离开了生态环境系统创造的物质流与能量流，经济系统就不可能正常运行，经济持续发展更无从谈起。只有以良好的生态环境作坚实的基础，才能实现社会经济的可持续发展。

## 一、生态环境对经济发展的影响

生态环境是指由生物群落及非生物自然因素组成的各种生态系统所构成的整体，包括森林、土壤、植被、空气、水源、动植物及其他自然资源。生态环境对经济发展有着重大而深远的影响，这种影响至少表现在以下几个方面。

### （一）生态环境制约着经济发展的速度和水平

人类所进行的各种经济活动都是在一定的生态环境中进行的，生态环境不仅要为各种经济活动的进行提供必要的空间和场所，而且还要为各种经济活动的进行提供必不可少的物质条件。生态环境的状况无疑会对各种经济活动的开展产生重大影响。如果一个地区自然环境恶劣、土地贫瘠、干旱少雨、山高路陡，将会严重地制约农业生产的发展，尽管这里的农民付出加倍的劳动与艰辛，也难以获得好的收成。如果一个地区的空气、水源、土壤被污染，这不仅会影响农副产品的质量，而且也会直接或间接地影响工业产品的质量，特别是影响以农副产品为原料的轻工产品的质量，从而制约经济社会的发展。此外，生态环境恶化，迫使人们不得不耗费大量的人力、物力和财力去治理，这就意味着增加生产成本，减少经济效益，严重影响经济社会发展的速度和水平。

### （二）生态环境制约着经济发展要素的集聚程度和经济发展速度

历史与现实告诉我们，一个国家或一个地区的经济发展速度受到资金、技术、人才、市场、交通等多种要素的影响和制约。当这些要素能较多地聚集于某一国家或某一地区时，这个国家或地区经济发展速度就快。相反，当这些要素较少地存在于某一国家或某一地区时，这个国家或地区的经济发展就会比较缓慢，这不仅会反过来制约影响经济发展的要素向该国或该地区的聚集，甚至还会引起这个国家或地区本来就显得薄弱的经济发展要素向发展较快、发展程度较高的国家或地区流动，从而进一步制约经济发展缓慢的国家或地区的经济社会发展，拉大国家与国家、地区与地区之间经济社会发展水平的差距。影响经济社会发展要素向一国或向某一地区聚集程度的因素很多，除政治因素、体制因素、市场因素外，生态环境是一个非常重要的因素。因为生态环境不仅关系到人们生存的条件和生活的质量，而且也常常关系到经济活动得以开展的程度和效益。一般说来，生态环境比较好的国家或地区通常更适合人类的生存，同时具备发展经济的良好条件，从而更有利于各种生产要素的聚集，可以有力地促进这些国家或地区的经济社会发展。相反，生态环境恶劣的国家或地区，通常缺乏生产要素集聚的吸引力，经济社会发展因而会受到制约。

### （三）生态环境的破坏会影响一个国家或地区的经济发展潜力

生态环境是经济发展的基础，自然生态环境的状况不仅是确保某些产品质量(如绿色食品等)的必备条件，而且会对经济社会系统造成影响。生态环境恶化会减少对经济活动的资源供应，减弱甚至毁灭自然生态资源所具有的调节功能，从而造成自然灾害面积的加大和遭灾程度的加重，最终造成经济损失。同时，某些生态资源的不可逆性会影响后人对资源的利用，破坏经济的可持续发展。如非洲的某些国家，过去因拥有丰富的遗传基因资源而成为非洲国家中少有的对外资具有吸引力的地区，在国际自然保护组织的推动下，它们依靠特有的生态资源吸引了大量外资，尤其是在遗传基因资源保护区的周边地区，许多发展项目得到了外部资金的支持。然而，由于不注重自然生态环境的保护，许多珍稀濒危物种相继灭绝了。随着自然生态的不断恶化，外部投资者逐渐失去了投资兴趣。

## 二、经济发展对生态环境的影响

生态环境与经济发展之间是一种相互影响的对立统一关系，生态环境在对经济发展进行制约的同时，经济发展也对生态环境的保护和优化产生影响。经济发展一方面使生态环境局部得到保护、治理和改善，另一方面不合理的经济行为又会使生态环境总体退化，并在气候变化、人类活动和生态环境之间形成复杂的反馈效应，导致生态环境越加恶化。

### （一）遵循生态环境变化规律的经济发展能促进生态环境的保护和优化

众所周知，生态环境的保护和优化必须有直接或间接的成本支出，也就是说，良好生态环境的维持与发展，都离不开经费的支持，因而也就离不开经济的发展。只有经济发展达到一定程度时，人们才有能力提供足够的财力来支撑环境的维持与保护。同时，在生态环境脆弱地区，生态环境的自我调整功能十分有限，遭到破坏后必须通过经济发展所能提供的科技和物质手段，逆转生态退化所必须解决的一系列生态学、生物学难题。也就是通过经济的快速发展，经济落后地区才有可能在生态环境问题比较严重的区域相应地推广旱作节水技术，禁止毁林毁草开荒，采取植物固沙、沙障固沙、引水拉沙造田、建立农田保护网、改良风沙农田、改造沙漠滩地、人工垫土、绿肥改土、普及节能技术和开发可再生能源等各种有效措施，实现生态环境的保护与优化。当然，应该指出的是，我们肯定的经济发展对生态环境有积极作用，绝不等于主张走“先污染、后治理”的发展道路。实践证明，“先污染、后治理”的做法是得不偿失的，对于我国广大的与生态脆弱高度相关的经济落后地区来说，绝不能重复发达国家和地区已经走过的“先污染、后治理”老路。

### （二）不合理的经济发展会破坏和阻碍生态环境的保护和优化

社会经济活动必须遵循自然生态系统固有的生态规律，不合理的经济活动会对生态系统产生干扰，如果这种干扰超过了生态系统的调节及补偿能力，造成了生态系统的结构破坏、功能受阻，正常的物质、能量、信息的循环与交流就会被打断，从而使整个生态系统衰退或崩溃。这也就意味着一方面使生态环境系统结构失调，如大面积的森林被砍伐，不仅使原来的森林生态系统的主要生产者消失，而且各层级依赖于森林的食物链上的物件也因栖息地的破坏、环境改变和食物短缺而被迫逃离或消失。另一方面，生态环境系统的功能失调，表现为由于结构组成部分的缺损而使能量在系统内的某一个营养层次上受阻或物质循环的正常途径的中断，从而造成初级生产者的第一生产力下降，能量转化效率降低，无效能增加。如受污染的水体与富营养化的水体，因蓝藻、绿藻的数量增加，使鱼类难以生存及缺乏饵料造成产量的下降。也就是说，如果单纯追求暂时的经济利益，而选择掠夺式的技术和经济手段，违背了生态环境变化的内在规律，会导致生态环境遭到破坏，甚至出现生态危机。

生态环境与经济发展的对立统一关系告诉我们，虽不能杞人忧天式地担心经济发展对生态环境的破坏，但也不能陶醉于经济发展的成就，要时刻警惕自然界的“报复”。如果人们只顾发展经济，不顾对资源与环境的保护，无限制地向自然界索取，只考虑当时的、短期的经济效益，不管长远的社会效益和环境效益，那么结果是经济虽然获得了快速增长，却造成了资源与环境的严重破坏，最终将会付出沉重的代价。

### （三）经济发展与生态环境的库兹涅茨曲线

西蒙·史密斯·库兹涅茨依据推测和经验提出了经济发展与收入差距变化关系的倒U形字曲线假说。库兹涅茨分析经济增长与收入不平等的关系是基于从传统的农业产业向现代工业产业转变过程而进行的。他认为，工业化和城市化的过程就是经济增长的过程，在这个过程中分配差距会发生趋势性的库兹涅茨曲线变化。但是研究这样的问题却受数据缺乏与合理理论模型的制约。库兹涅茨设计了两个部门，一个是农业部门，另一个是非农业部门。这种分法实际上相当于刘易斯的二元结构，即传统的农业部门和现代产业部门。库兹涅茨设计和研究了它们之间产业结构变化对收入差距变化产生的影响。反映和推演工业化进程或二元结构变化下分配差距的变化规律是库兹涅茨的本源思想，但是由于库兹涅茨在当时无法提出一个工业化进程中分配差距变化的模型，只能依据大量的猜想和引用一些发达国家工业化经验数据进行分析，这就把后来的研究者引入发达国家发展历程的简单表述形式上——人均收入变化(或经济增长的变化)与分配差距变化的关系上，并且背离了库兹涅茨自己最初考虑的问题，即以产业结构变化为依据的分析方法。随着计量经济学不断被应用到研究当中，研究者试图用统计学的工具来证明库兹涅茨假说。

关于经济增长与收入分配的关系，库兹涅茨提出了所谓的倒U形假说。他首次论述了如下一种观点：伴随着经济发展而来的“创造”与“破坏”改变着社会、经济结构，并影响着收入分配。库兹涅茨利用各国的资料进行比较研究，得出结论：在经济未充分发展的阶段，收入分配将随同经济发展而趋于不平等。其后，经历收入分配暂时无大变化的时期，到达经济充分发展的阶段，收入分配将趋于平等。

如果用横轴表示经济发展的某些指标(通常为人均产值)，纵轴表示收入分配不平等程度的指标，则这一假说所揭示的关系呈倒U形，因而被命名为库兹涅茨倒U字假说，又称库兹涅茨曲线。库兹涅茨在说明这一倒U形时，设想了一个将收入分配部门划分为农业、非农业两个部门的模型。在此情况下，各部门收入分配不平等程度的变化可以由如下三个因素的变化来说明。这三个因素是，按部门划分的个体数的比率；部门之间收入的差别；部门内部各方收入分配不平等的程度。库兹涅茨推断这三个要素将随同经济发展而起下述作用：在经济发展的初期，由于不平等程度较高的非农业部门的比率加大，整个分配趋于不平等；一旦经济发展达到较高水平，由于非农业部门的比率居于支配地位，比率变化所起的作用将缩小，部门之间的收入差别将缩小，使不平等程度提高的重要因素财产收入所占的比率将降低，以及以收入再分配为主旨的各项政策将被采用等，各部门内部的分配将趋于平等，总的来说分配将趋于平等。

库兹涅茨假说提出后，一些西方学者曾就有关倒U形假说形成的过程、导致倒U形的原因以及平等化过程进行过较多的讨论。但经济发展的资料表明，库兹涅茨曲线不符合发展中国家的实际情况。换言之，随着经济发展的进程，发展中国家的收入不平等越来越悬殊，并没有向平等方向转变。

库兹涅茨曲线的理论内涵是环境质量与经济发展水平之间存在规律性联系，即经济发展从较低水平向较高水平增加时，环境破坏水平也随之增加；当经济持续发展到一定水平后，环境破坏水平会随经济发展水平的提高而下降。在库兹涅茨曲线中，环境与发展的“两难”区间和“双赢”区间有一个转折点，即经济发展到一定高的阶段，经济发展与生态环境之间开始呈现正相关关系，经济发展与生态环境开始走向协调发展之路。根据世界银行组织统计，美国是在人均 GDP 达到 1.1 万美元的时候出现转折点，而日本是在人均 GDP 达到 8 000 美元的时候出现转折点。

库兹涅茨曲线是对发达国家发展历史经验的总结。但实践证明，我国经济落后地区经济发展同样遵循环境库兹涅茨曲线，还是走了“先污染、后治理”“先破坏、后建设”的老路。近年来，随着经济落后地区经济的增长及其环境质量处于“局部改善、整体恶化”的状态，仍处于倒 U 形曲线的左侧，尚未达到其转折点，更未趋于环境质量从整体上逐渐变优的右侧部分。

如前所述，我国的经济落后地区分布与生态环境脆弱地带具有高度的相关性，经济落后地区在经济发展的过程中一定要高度重视产业选择和选点布局，制定科学合理的政策进行规范发展，减少经济发展对生态环境的破坏，缩短经济发展与生态环境相矛盾的时期。并在人均收入较低及污染程度较轻的情况下开始环境治理，使库兹涅茨曲线中生态环境的临界点降低或提早到来，尽早实现经济与生态环境的协调发展。

## 第二节　经济落后地区生态环境与经济发展的协调度分析

### 一、经济落后地区生态与经济协调度的评价指标

#### （一）经济落后地区生态与经济协调发展的评价指标体系依据

目前，国内已有一些相关的典型的评价指标体系，例如，由经济力、科技力、军事力、社会发展程度、政府调控力、外交力、生态力等 7 类 85 个具体指标构成的可持续发展综合国力指标体系。2007 年，国家环保总局发布的《生态县、生态市、生态省建设指标(修订稿)》，提出建设生态县的评估指标体系涉及 22 个指标，建设生态市的评估指标体系涉及 19 个指标，建设生态省的评估指标体系涉及 16

个指标；同年，国家发改委、环保总局、统计局联合编制发布循环经济评价指标体系，从资源产出、资源消耗、资源综合利用和废物排放四方面入手，在宏观和工业园区两个层面分别规定了22个和14个循环经济评价指标。本书在综合国内已有生态与经济相关指标的基础上，构建生态与经济协调发展的评价指标体系，以中、西部省份为例，综合反映经济落后地区生态与经济协调发展水平。

### （二）经济协调发展的评价指标设定的基本原则

依据生态与经济协调发展的理念，生态与经济协调发展的评价指标体系的构建必须遵循以下原则。

#### 1．科学性和可操作性原则

评价指标体系要准确反映和体现生态与经济协调发展的本质内涵和实质，重点突出生态与经济协调发展，层次清晰、合理。当选择评价指标时，应统筹考虑指标的重要性、相对独立性和代表性，确保重要信息不重不漏，评价指标体系应简明扼要，评价方法力求科学、严谨、规范。生态与经济协调发展的评价指标体系应当反映和体现生态与经济协调发展的内涵，使人们能从科学的角度系统而准确地理解和把握生态与经济协调发展的实质。

生态与经济协调发展的评价指标体系的设计要严格按照生态与经济协调发展的内涵，能够对生态与经济协调发展水平进行合理、较全面地描述，同时要注重评价指标之间的可对比性，具有可推广和可应用的性质。评价指标体系建立的目的主要是对目前的生态与经济协调发展进行评测，因此，该评价指标体系应是一个可操作性强的方案，设计的评价指标体系要尽可能地利用现有统计数据和便于收集到的数据，对于目前尚不能统计和收集到的数据和资料，暂时不纳入评价指标体系。

#### 2．全面性与主导性原则

建立一套指标评价体系不可能涵盖所有生态指标与经济发展指标，但必须全面反映当前国民经济发展中迫切需要解决的关键问题。因此，选取指标时需选择那些有代表性、信息量大的指标。评价指标的设计要有一定的超前性、激励性，又应该符合实际，在应用中能够对生态与经济协调发展产生导向性作用。生态与经济协调发展是一项复杂的系统工程，指标体系选取不但应该分为不同的子系统，从各个不同角度反映出被评价系统的主要特征和状况，而且要有相同子系统不同主体间相互联系、相互协调的指标，从而有利于对评价对象进行整体性的度量。

构建生态与经济协调发展的指标体系，既要成为考核评价地区生态与经济协调发展能力水平的基本工具，更要成为引导地区经济发展与生态环境协调发展的一面旗帜，同时也是考核经济发展不足的一面镜子。构建的指标体系作为一个整体应当能够较好地反映生态与经济协调发展的主要方面和主要特征。

### 3．系统性与层次性原则

指标体系作为一个整体，应该较全面地反映生态与经济协调发展的具体特征，即反映经济发展、生态环境的主要状态特征及动态变化、发展趋势。在确定各方面的具体指标时，必须依据一定的逻辑规则，体现出合理的结构层次。系统性原则要求充分认识评价指标体系是一个复杂系统，只有形成一个相互依存、相互支持的完整的评价指标体系才能充分体现系统的这一特征。

确定评价指标体系时应该从系统的角度出发，把一系列与生态环境、经济发展有关的指标有机地联系起来，注意评价指标体系的层次性，也要注意同级指标之间的互斥性，以及实现上一级目标时的全面性。评价指标体系既要综合反映生态与经济协调发展的总体要求，又要突出反映生态与经济协调发展所具备的重要条件和要素，还要避免指标之间信息重叠交叉。

生态与经济协调发展模式是一个复杂的巨系统，是由许多同一层次中具有不同作用和特点的功能团以及不同层次中复杂程度、作用程度不一的功能团所构成的，应根据系统的结构分解出不同类别支持子系统，同时这些子系统既相互联系、又相互独立。因此选择的指标也应具有层次性，即高层次的指标包含描述低层次指标不同方面的指标，高层次的指标是低一层次指标的综合并指导低一层次指标的建设；低层次的指标是高层次指标的分解，是高一层次指标建立的基础。

### 4．定性与定量相结合原则

评价指标体系应具有可测性和可比性，定性指标应有一定的量化手段，评价指标应尽可能采用量化的指标，但有些指标很难量化，可将它分成若干个等级，将定性指标定量化。

生态与经济协调发展评价指标体系的定量分析是以历史的和当前的数据为基础，在确定区域生态与经济协调发展的指标时一定要充分考虑数据的状况，例如：数据能否采集到，数据的口径是否可以满足分析的需要等。同时，进行区域生态与经济协调发展评价的目的是解决实际问题，所以评价指标体系的选择应切实可行，容易掌握和容易使用，具有较强的可操作性。

#### 5. 动态性与稳定性原则

生态与经济协调发展是动态过程，这主要表现在两方面：一是指标设置的动态性，即指标应随着经济、社会、科技的发展作适当的调整；二是指标权重动态性，同时评价指标体系在一定时期内要相对稳定。稳定性就是指评价指标体系一经建立，指标的含义、指标的类型、指标的层次、指标的个数等在一定时期内应该保持不变，这样做的目的是便于比较和分析生态与经济协调发展水平变化的动态过程，更好地分析其发展变化规律与趋势。所以，设计评价指标体系需兼顾静态指标和动态指标平衡。

#### 6. 前瞻性与政策相关性原则

评价指标应能够反映评价对象发展的趋向性，它不但要能揭示历史的发展情况，并且能够为未来的发展提供间接信息。综合评价指标必须能够反映出政策的关注点或政府的目标。即在对评价对象综合能力进行评价时，所选的评价指标体系及其目标值要符合本地区经济发展的方针政策，要求一方面符合政策的规定性，另一方面有利于促进政策的实施。

### （三）经济落后地区生态与经济协调发展评价指标体系设置

生态与经济协调发展综合评价是一个复杂的系统工程，必须综合各方面的因素才能真正客观、正确地反映生态与经济协调发展的本质。生态与经济协调发展水平评价指标体系将向着主体多元化、指标综合化的方向发展。生态与经济协调发展评价的程度受人为主观因素的影响，如何构建有机合理、简单易行的评价指标体系，使之充分反映生态与经济协调发展的要求，以及如何选择适当的评价方法，对经济落后地区生态与经济协调发展程度做出客观的评价，是急需解决的问题。

**1．评价指标的优选**

指标体系的初选过程虽然已经构建了一个评价指标体系，但评价指标体系的科学性、合理性、实用性又是获得正确结论的基础和前提条件。为了保证其科学性，在指标体系的初选完成以后，还必须有针对性地对其科学性进行检验，即对初选指标体系进行完善化处理。这一检验过程主要包括两个方面的内容：单体检验和整体检验。

单体检验是检验每个指标的可行性和正确性。可行性主要是检验单体指标(或整体指标体系)符合实际的情况，分析指标数值的可获得性；正确性分析是对指标的计算方法、计算范围及计算内容的正确与否的分析。

整体检验是对指标体系的指标的重要性、必要性和完整性进行检验。重要性的检验是根据区域特征来分析应保留哪些重要的指标，剔除哪些对评价结果无关紧要的指标。一般利用德尔菲法对初步拟出的指标体系进行匿名评议。必要性的检验是对所拟出的评价指标从全局出发考虑是否都是必不可少的，有无冗余现象，一般采用定量方法来检验。完整的检验是对评价指标体系是否全面、毫无遗漏地反映了最初描述的评价目标与任务的检验，一般通过定性分析来进行判断。

**2．建立具体的评价指标体系**

在评价指标优选后，还要通过专家咨询法、主成分分析法和独立性分析把所得的指标进一步筛选。

专家咨询法是在初步提出评价指标的基础上，进一步咨询有关专家，根据专家意见对指标进行调整；主成分分析法是通过恰当的数学变换，使新变量主成分成为原变量的线性组合，并选取少数几个在变差总信息量中比例较大的主成分来分析事物的一种多元统计分析方法；独立性分析是验证各个指标是否具有相关性，删除一些不必要的指标，简化评价指标体系。通过以上筛选，选择内涵丰富又相对独立的指标，最终构成具体的生态与经济协调发展的评价指标体系。

3．评价指标和指标参考标准的确定

由各层次的评价目标确定各级评价指标，同时结合生态水平与经济发展阶段设置指标参考标准。

(1) 指标值的量化和标准化处理。①定量指标属性值的量化。由于指标属性值间具有不可共度性，没有统一的度量标准，不便于分析和比较各指标。因此，在进行综合评价前，应先将评价指标的属性值进行统一量化。各指标属性值量化的方法随评价指标的类型不同而不同，一般主要分为专效益型、成本型和适中型，在综合评价模型中可以建立各类指标量化时所选择的隶属函数库。量化后的指标具备了可比性，为综合评价创造了必要条件。②定性指标属性值的量化。在评价指标体系中，有些指标难以定量描述，只能进行定性的估计和判断。对此可采取专家评议的方法来进行处理，具体处理方式视评价方法而定。针对选取好的评价指标体系进行各项数据的收集、整理工作。对于已选定的指标体系，由于各个指标的计量单位及数量级相差较大，所以一般不能直接进行简单的综合。必须先将各指标进行标准化处理，变换成无量纲的指数化数值或分值，再按照一定的权重进行综合值的计算。常用的标准化方法主要有标准化变换法、指数化变换法等。

(2) 指标权重的确定。确定指标权重的方法一般有主观赋权法、客观赋权法和组合赋权法等。主观赋权法由专家组对每个指标进行打分，然后综合指标权重；客观赋权法主要采用数理统计方法，如因子分析法、主成分分析法、聚类分析法……计算得出每个指标的权重；组合赋权法则是主观赋权法和客观赋权法的综合。然而，主观赋权法的定量依据不足，且有可能带来先入为主的概念；而用数理统计方法计算出的指标权重，可能会出现经济意义上不可解释的轻微误差。所以最佳方案是先以客观赋权法算出权重，然后由专家组进行微调。

(3) 指标值的综合合成方法。指标值的综合合成方法较多，如线性加权法、乘法合成法、加乘混合合成法等，其中线性加权法是使用广泛、操作简明且含义明确的方法。数据准备工作完成后，确定综合处理各指标值的方法，准确执行指标数据的处理构成，分析指标数据的处理结果，得出生态与经济协调发展的综合评价目标结果。

### 4．评价指标体系的基本框架

根据生态与经济协调发展的评价指标体系的总体思路、基本原则及指标选取的方法，并根据现有研究对近年来生态环境、经济发展的设计指标进行频率统计，选出研究中使用频率较高的指标，并结合地区生态环境系统的实际特点确定特有指标。最后筛选出6个一级指标，15个二级指标(见表2-1)，对生态与经济环境协调发展状况进行分析。

表2-1　经济与环境协调发展指标

| 约束层 | 一级指标 | 二级指标 | 指标属性 |
|---|---|---|---|
| 经济发展指标($X$) | 经济实力($X_1$) | $X_{11}$：人均GDP(元) | + |
| | | $X_{12}$：人均社会消费品零售总额(元) | + |
| | | $X_{13}$：人均地方财政收入(元) | + |
| | | $X_{14}$：农民人均纯收入(元) | + |
| | 经济效益($X_2$) | $X_{21}$：社会劳动生产率(万元 / 人) | + |
| | | $X_{22}$：规模以上工业增加值率(%) | + |
| | 经济结构($X_3$) | $X_{31}$：第三产业产值占GDP比例(%) | + |
| | | $X_{32}$：出口贸易额占贸易总额比例(%) | + |
| 生态环境指标($Y$) | 水环境($Y_1$) | $Y_{11}$：人均水资源量$m^3$或t。 | + |
| | | $Y_{12}$：境内主要河流断面Ⅰ～Ⅲ水质占比(%) | + |
| | 固体废弃物($Y_2$) | $Y_{21}$：工业固体废弃物综合利用率(%) | + |
| | 生态状况($Y_3$) | $Y_{31}$：森林覆盖率(%) | + |
| | | $Y_{32}$：单位耕地化肥施用量($t/hm^2$) | − |
| | | $Y_{33}$：城市人均公共绿地($m^2$) | + |
| | | $Y_{34}$：自然保护区面积占全省国土面积比例(%) | + |

(1) 经济发展水平的具体指标选取。经济发展是生态与经济协调发展的物质基础。经济落后地区发展的重点是经济，关键是转变发展方式，生态与经济协调发展是经济落后地区快速崛起的重要途径。只有经济发展了，才能实现真正意义上生态与经济协调发展。大力发展经济，做大经济总量，转变发展方式，提高经济效益，优化经济结构，是实现经济落后地区生态与经济协调发展的内在要求。本书选取了“人均 GDP”“人均社会消费品零售总额”“人均地方财政收入”“农民人均纯收入”“社会劳动生产率”“规模以上工业增加值率”“第三产业产值占

GDP 比例”“出口贸易额占贸易总额比例”等 8 个指标。

(2) 生态环境水平的具体指标选取。保持良好的生态环境是生态与经济协调发展的重要目标。森林覆盖率既是生态环境水平的重要指标，也是发展的重要资源。水体、空气的质量是生态与经济协调发展的直接标志，工业固体废弃物排放是直接影响水体和空气质量的主要因素。因此，本书选取了“人均水资源量”“境内主要河流断面Ⅰ～Ⅲ水质占比”“工业固体废弃物综合利用率”“森林覆盖率”“单位耕地化肥施用量”“城市人均公共绿地”“自然保护区面积占全省国土面积比例”等 7 个指标。

## 二、经济落后地区生态与经济协调度的分析与评估

### (一) 协调发展概念

该研究运用协调度及协调发展度模型对我国和中、西部地区生态与经济协调发展状况进行模拟。协调指的是两种或者两种以上系统或系统要素之间保持一种良性的相互联系，是系统之间或系统内要素配合得当、和谐一致、良性循环的关系。协调度就是度量系统或要素之间协调状况好坏程度的度量指标。但协调度反映的只是区域经济与环境的协调状况，而对整个区域来说，却难以反映出区域的整体发展实力状况，即本区域是处于高水平协调发展还是处于低水平协调发展。基于此，引入协调发展度，它是度量区域生态环境与经济协调发展水平高低的定量指标，能表征区域生态环境与经济整体功能或发展水平的大小。

### (二) 计算模型

#### 1. 协调度模型

根据对协调及协调度的定义，设正数 $X_1$，$X_2$，$X_3$，…，$X_m$ 为描述某区域经济特征的 $m$ 项指标，正数 $Y_1$，$Y_2$，$Y_3$，…，$Y_n$ 为描述该区域环境特征的 $n$ 项指标，则分别称函数 $f(x)=\sum_{i}^{m} a_i \overline{X_i}$ 与 $g(Y)=\sum_{i}^{n} b_i \overline{Y_i}$ 为区域综合经济效益函数和综合环境效益函数。其中，$a_i$ 和 $b_i$ 分别为区域经济系统和环境系统各评价指标在本系统中的权重值，$X_i$ 和 $Y_i$ 分别为该区域经济指标与环境指标的隶属度值。经济与环

境协调度模型计算公式如下：

$$C=\left\{\frac{f(x)\times g(Y)}{\left[\frac{f(x)+g(Y)}{2}\right]^2}\right\}^K$$

其中，$C$ 为区域经济发展与环境协调度；$K$ 为调节系数，$K\geqslant 2$。为了更好地反映经济落后地区协调度的区分度，将 $K$ 取为 2。协调度 $C$ 取值在 0～1，最大值亦即最佳协调状态；反之，协调度 $C$ 越小，越不协调。

2．协调发展度模型

协调发展度模型

$$D=\sqrt{C\times T}$$

$$T=\alpha\times f(x)+\beta\times g(Y)$$

其中，$D$ 为协调发展度；$T$ 为环境与经济效益的综合评价指数，反映环境与经济的整体效益；$\alpha$ 和 $\beta$ 为待定权数，因为经济发展与环境保护同等重要，因此 $\alpha$ 和 $\beta$ 均取 0.5。

3．协调度等级划分（见表 2-2）

表 2-2　协调度等级划分

| 协调发展度 $D$ | 0～0.09 | 0.1～0.19 | 0.2～0.29 | 0.3～0.39 | 0.4～0.49 |
|---|---|---|---|---|---|
| 协调等级 | 极度失调 | 严重失调 | 中度失调 | 轻度失调 | 濒临失调 |
| 协调发展度 $D$ | 0.5～0.59 | 0.6～0.69 | 0.7～0.79 | 0.8～0.89 | 0.9～1.00 |
| 协调等级 | 勉强协调 | 初级协调 | 中度协调 | 良好协调 | 优质协调 |

## （三）数据处理

1．评价指标隶属度值的确定

考虑到生态环境、经济评价指标体系中既有正向指标又有逆向指标，指标间的“好”与“坏”在很大程度上带有模糊性，因此采用模糊隶属度函数法对各指标进行量化。指标值越大对系统发展越有利时，采用正向指标计算公式进行处理，即

$$z_{ij}=\frac{x_{ij}-\min(x_j)}{\max(x_j)-\min(x_j)}$$

指标值越小对系统发展越好时，采用负向指标计算公式进行处理，即.

$$z_{ij}=\frac{\max(x_j)-x_{ij}}{\max(x_j)-\min(x_j)}$$

2．评价指标权重系数的确定

评价指标权重值反映了评价指标在整个指标体系中的相对重要性，这里采用主成分分析法与因子载荷分析法来加以确定。通过求出的主成分载荷矩阵，利用方差极大正交旋转法，可以求出因子载荷矩阵。再利用原始数据的相关系数矩阵与每一列因子载荷向量建立回归方程，可求出各个系数主成分分量贡献值，根据其与对应方差贡献的组合，便可以求得各个评价指标的权重值，详见表 2-3 和表 2-4。

表 2-3　中、西部地区经济评价指标权重

| 地区 | $X_{11}$ | $X_{12}$ | $X_{13}$ | $X_{14}$ | $X_{21}$ | $X_{22}$ | $X_{31}$ | $X_{32}$ |
|---|---|---|---|---|---|---|---|---|
| 全国 | 0.151 6 | 0.151 6 | 0.151 3 | 0.151 5 | 0.151 6 | 0.004 5 | 0.146 7 | 0.091 4 |
| 湖南 | 0.190 3 | 0.190 1 | 0.189 9 | 0.190 1 | 0.190 4 | 0.003 5 | 0.007 8 | 0.037 9 |
| 湖北 | 0.167 9 | 0.167 9 | 0.166 2 | 0.167 9 | 0.167 3 | 0.020 5 | 0.000 0 | 0.142 2 |
| 河南 | 0.190 2 | 0.189 9 | 0.184 3 | 0.190 0 | 0.190 0 | 0.000 2 | 0.031 9 | 0.023 5 |
| 安徽 | 0.172 3 | 0.172 8 | 0.174 6 | 0.173 2 | 0.170 4 | 0.000 4 | 0.001 6 | 0.134 7 |
| 江西 | 0.150 6 | 0.152 1 | 0.159 8 | 0.150 7 | 0.150 1 | 0.000 4 | 0.072 9 | 0.163 4 |
| 山西 | 0.195 1 | 0.194 4 | 0.193 6 | 0.194 2 | 0.194 6 | 0.025 8 | 0.001 7 | 0.000 6 |
| 陕西 | 0.155 4 | 0.155 3 | 0.153 5 | 0.155 5 | 0.156 1 | 0.137 0 | 0.000 0 | 0.087 3 |
| 广西 | 0.169 5 | 0.168 9 | 0.168 5 | 0.169 3 | 0.169 7 | 0.124 9 | 0.006 7 | 0.022 5 |
| 重庆 | 0.149 1 | 0.149 2 | 0.148 3 | 0.149 3 | 0.149 0 | 0.114 7 | 0.012 1 | 0.128 3 |
| 云南 | 0.165 3 | 0.164 6 | 0.164 3 | 0.164 8 | 0.165 4 | 0.010 3 | 0.149 5 | 0.015 8 |
| 贵州 | 0.136 2 | 0.134 0 | 0.146 1 | 0.135 9 | 0.142 5 | 0.061 5 | 0.107 1 | 0.136 7 |
| 四川 | 0.168 7 | 0.168 8 | 0.167 7 | 0.168 7 | 0.168 8 | 0.010 5 | 0.002 7 | 0.144 2 |
| 青海 | 0.164 0 | 0.164 2 | 0.162 5 | 0.163 5 | 0.164 0 | 0.144 7 | 0.003 5 | 0.033 5 |
| 内蒙古 | 0.167 9 | 0.168 0 | 0.167 4 | 0.168 2 | 0.167 5 | 0.141 8 | 0.001 2 | 0.018 1 |
| 西藏 | 0.165 5 | 0.167 4 | 0.158 9 | 0.162 2 | 0.157 8 | 0.135 6 | 0.007 9 | 0.098 5 |
| 甘肃 | 0.150 7 | 0.146 5 | 0.142 4 | 0.147 5 | 0.152 9 | 0.025 8 | 0.146 3 | 0.087 9 |
| 宁夏 | 0.167 2 | 0.166 9 | 0.166 6 | 0.166 8 | 0.166 8 | 0.133 6 | 0.021 6 | 0.010 6 |
| 新疆 | 0.151 2 | 0.156 9 | 0.167 0 | 0.159 0 | 0.146 1 | 0.005 8 | 0.144 6 | 0.069 4 |

表 2-4　中、西部地区生态环境评价指标权重

| 地区 | $Y_{11}$ | $Y_{12}$ | $Y_{21}$ | $Y_{31}$ | $Y_{32}$ | $Y_{33}$ | $Y_{34}$ |
|---|---|---|---|---|---|---|---|
| 全国 | 0.075 5 | 0.183 0 | 0.184 5 | 0.166 6 | 0.037 0 | 0.183 3 | 0.170 2 |
| 湖南 | 0.065 4 | 0.189 0 | 0.190 7 | 0 170 2 | 0.021 1 | 0.189 4 | 0.174 2 |
| 湖北 | 0.086 1 | 0.175 9 | 0.194 9 | 0.200 2 | 0.001 2 | 0.183 2 | 0.158 6 |
| 河南 | 0.039 8 | 0.191 8 | 0.221 5 | 0.106 8 | 0.001 4 | 0.218 7 | 0 219 9 |
| 安徽 | 0.024 7 | 0.198 1 | 0.174 8 | 0.193 9 | 0.005 7 | 0.204 3 | 0.198 5 |
| 江西 | 0.183 2 | 0.123 1 | 0.154 6 | 0.208 6 | 0.002 0 | 0.174 3 | 0.154 3 |
| 山西 | 0.141 5 | 0.173 1 | 0.173 3 | 0.166 1 | 0.000 3 | 0.176 6 | 0.169 1 |
| 陕西 | 0.026 0 | 0.197 9 | 0.184 8 | 0.206 8 | 0.002 6 | 0.187 5 | 0.194 4 |
| 广西 | 0.108 0 | 0.185 2 | 0.190 5 | 0.132 6 | 0.178 5 | 0.203 4 | 0.001 9 |
| 重庆 | 0.047 6 | 0.187 1 | 0.186 0 | 0 170 7 | 0.129 2 | 0.179 4 | 0.099 9 |
| 云南 | 0.052 3 | 0.209 4 | 0.174 3 | 0.195 5 | 0.004 5 | 0.179 9 | 0.184 0 |
| 贵州 | 0.074 4 | 0.020 1 | 0.231 7 | 0.243 5 | 0.003 7 | 0.228 8 | 0.197 9 |
| 四川 | 0.106 8 | 0.173 6 | 0.193 7 | 0.191 4 | 0.002 3 | 0.142 4 | 0.189 8 |
| 青海 | 0.093 8 | 0.084 1 | 0.217 2 | 0.210 3 | 0.004 6 | 0.200 9 | 0.189 0 |
| 内蒙古 | 0.242 6 | 0.122 3 | 0.122 2 | 0 222 6 | 0.005 0 | 0.213 1 | 0.072 2 |
| 西藏 | 0.045 9 | 0.102 3 | 0.178 5 | 0.199 8 | 0.095 4 | 0.156 2 | 0.302 1 |
| 甘肃 | 0.010 6 | 0.277 4 | 0.260 3 | 0.141 4 | 0.004 5 | 0.239 0 | 0.066 8 |
| 宁夏 | 0.170 9 | 0.171 0 | 0.165 6 | 0.170 3 | 0.002 7 | 0.179 4 | 0.140 2 |
| 新疆 | 0.036 8 | 0.070 8 | 0.181 0 | 0.201 8 | 0.074 7 | 0.166 8 | 0.268 2 |

## （三）协调发展分析

根据经济发展与生态环境评价指标的隶属度值和权重值，可分别计算出六省的综合经济效益、综合环境效益、经济与环境效益综合评价指数、协调度以及协调发展度。按照协调发展度的大小，对照区域经济与环境协调发展分类体系及其判别标准，结合综合经济效益 $f(x)$ 和综合环境效益 $g(Y)$ 的对比关系，得出中、西部地区生态与经济协调发展状况(见表 2-5)。

表 2-5　中、西部地区生态与经济协调发展度

| 地区 | $f(x)$ | $g(Y)$ | $T$ | $C$ | $D$ |
|---|---|---|---|---|---|
| 全国 | 0.267 7 | 0.586 2 | 0.483 3 | 0.911 39 | 0.663 7 |
| 湖南 | 0.326 7 | 0.578 2 | 0.467 2 | 0.890 17 | 0.644 9 |
| 湖北 | 0.340 2 | 0.592 3 | 0.515 7 | 0.956 36 | 0.702 3 |
| 河南 | 0.343 4 | 0.505 6 | 0.422 8 | 0.924 66 | 0.625 2 |
| 安徽 | 0.293 8 | 0.546 3 | 0.429 4 | 0.857 11 | 0.606 6 |
| 江西 | 0.273 8 | 0.603 8 | 0.461 4 | 0.818 41 | 0.614 5 |
| 山西 | 0.374 8 | 0.372 7 | 0.363 2 | 0.998 63 | 0.602 2 |
| 陕西 | 0.369 1 | 0.350 5 | 0.356 7 | 0.999 41 | 0.597 1 |

续表

| 地区 | $f(X)$ | $g(Y)$ | $T$ | $C$ | $D$ |
|---|---|---|---|---|---|
| 广西 | 0.380 4 | 0.493 1 | 0.410 8 | 0.921 23 | 0.615 1 |
| 重庆 | 0.356 1 | 0.553 9 | 0.501 6 | 0.978 38 | 0.700 5 |
| 云南 | 0.439 1 | 0.480 5 | 0.380 4 | 0.866 31 | 0.574 1 |
| 贵州 | 0.339 9 | 0.436 7 | 0.352 2 | 0.888 19 | 0.559 3 |
| 四川 | 0.312 4 | 0.410 4 | 0.368 6 | 0.974 38 | 0.599 3 |
| 青海 | 0.318 9 | 0.376 3 | 0.358 3 | 0.994 93 | 0.597 0 |
| 内蒙古 | 0.353 7 | 0.361 6 | 0.352 5 | 0.998 67 | 0.593 3 |
| 西藏 | 0.362 8 | 0.342 3 | 0.318 1 | 0.988 41 | 0.560 7 |
| 甘肃 | 0.328 4 | 0.381 3 | 0.327 6 | 0.946 87 | 0.556 9 |
| 宁夏 | 0.449 3 | 0.351 2 | 0.363 0 | 0.997 89 | 0.601 9 |
| 新疆 | 0.280 3 | 0.415 9 | 0.392 5 | 0.992 90 | 0.624 3 |

从表 2-5 分析可知，中、西部地区生态与经济协调发展状况可概括如下。

(1) 总体上看，除湖北和重庆两个地区外，中、西部其他地区生态与经济协调发展水平均比全国平均水平低，基本上没有良好和优质协调发展类区域。这说明中、西部地区不仅经济发展水平较低，生态环境保护也比较滞后，一方面是由于国家早期实施的区域化差异战略，在产业、基础设施等方面的重大项目布局相对少，另一方面受自身自然条件制约，自身科技进步缓慢，资源综合利用率较低。

(2) 具体到中部地区，除湖北经济发展水平高于全国平均水平外，其他地区均低于全国平均水平；湖北、江西生态环境水平高于全国平均水平，湖南、河南、安徽、山西生态环境水平则低于全国平均水平。

## 第三节　经济落后地区经济发展与生态环境保护的对立与统一

综上所述，遵循生态环境的运动变化规律的经济发展能为生态环境保护和优化建设提供资金和技术支持，但如果经济活动不遵循生态环境的运动变化规律，就会破坏生态环境。经济发展与生态环境之间是一种对立统一关系。正确认识和深入分析把握经济发展与生态环境保护之间的对立统一关系，具有非常重要的意义。

## 一、经济落后地区经济发展与生态环境保护的对立

对于经济落后地区来说，那里的人们世代都深知生态环境的重要性，他们采取了各种诸如村规、民约等有效措施严格保护影响他们生命及财产安全的村边、村后的树林及水源和耕地。(笔者在调研中发现，浙江省景宁县的一个偏僻小山村，至今还保留着如果有人偷盗村后的一片保存完好的原始森林中的林木，就要把他家里的猪杀掉给全村吃的规制)但是经济落后地区在脱贫致富过程中，特别在市场经济条件下；其经济发展与生态环境保护却不能很好地得到统一，破坏生态环境的现象层出不穷。这一现象的根本原因在于经济落后地区经济发展与生态环境保护之间的对立关系。

首先，对于经济落后地区来说，出于自身对富裕的追求及脱贫致富的压力，实现经济增长必然成为第一目标。而且经济落后地区能在短期内开发并创造效益的优势资源必然是当地的自然资源，这就使经济落后地区在脱贫致富的初期普遍存在破坏生态资源环境的冲动。

其次，生态环境具有明显的公共物品特性，而公共物品的破坏或改善并不会直接及全部计入到具体个人生产者的成本或收益中。这就会使生产者为了取得自己的经济效益而不惜损害生态效益，以外部不经济的行为方式向外部环境转嫁成本或攫取生态效益以达到个人经济效益的最大化。

再次，市场经济是一种利益经济。在市场经济条件下生产经营者的目的是为了取得尽可能多的利润，生产经营者的行为处处受到经济利益的调节和驱动，如果一种产品生产虽然破坏生态环境但能给生产者带来更多的直接利润，那么就会有人进行生产，结果损害了生态环境。在市场经济条件下，只有当有利于生态效益提高的产品生产其能够提供更高、至少是足够高的经济效益时，生产者才会进行生产，从而能同时改善环境。否则就会排斥这种生产，恶化生态环境。•

最后，在发达地区，由于经济的发展和人们生活水平的提高，对生态环境重要性的认识大大增强，环境问题比较容易得到重视且能用较多的人力、财力和物力进行治理。而在经济落后地区，由于生产力水平低下，对生态环境的评价值比

较低，且严重缺乏治理所需的资金和技术，生态环境往往得不到保护与优化。

## 二、经济落后地区经济发展与生态环境保护的统一

经济落后地区经济发展与生态环境保护之间又是一种统一关系。即从总的、长远的利益看，经济效益和生态效益是统一的，因为良好的生态环境是经济发展的基础，生态环境的恶化会阻碍生产的发展。同时，随着经济的发展、人们生活水平的提高及健康意识的增强，人们对生态环境及其生态效益的重视和保护程度会加强。

第一，生态环境是经济发展的基础。经济发展是在生态环境的基础上建立和发展起来的，社会生产归根到底是从环境中获取自然资源，加工成生产和生活资料。在生产过程中，一部分资源转化为产品，另一部分资源变成废弃物返回到环境中。良好的生态环境能降低经济发展成本，为经济持续发展提供动力支持。而生态环境一旦遭到破坏，就会使经济发展受到影响，同时又对生态环境造成进一步的影响。保护生态环境可以促进生态系统良性循环，使资源再生能力提高，为经济发展提供良好的生态环境，促进经济的持续发展。

第二，经济发展有利于生态环境的保护和优化。一是经济发展有利于提高人们对生态效益的评价值，支持以牺牲经济效益来换取生态效益的行为，实现生态环境保护和优化；二是经济发展了，就可以拿出更多的资金用于保护和改善生态环境，为保护生态环境创造物质条件，并运用科学技术和宏观经济手段去保护、改善生态环境，增强生态环境系统的稳定性和耐受力。没有经济的发展，人类的物质条件、生活条件和生态环境就无从改善；三是通过对自然环境的合理开发利用，将自然环境改变为人工环境，按照人类发展的要求，建设一个比较理想的生产环境和生态环境。

第三，良好的生态环境有利于促进经济发展。良好的生态环境能降低经济发展的成本，有利于旅游业的发展，有利于人民的身体健康，有利于引进外资，促进经济的可持续发展，从而形成良性循环。一旦生态环境遭到破坏，生态环境恶化会通过经济发展情况反映出来，使经济发展受到影响，落后的经济又进一步影

响生态环境，两者形成恶性循环。

## 三、经济落后地区经济发展与生态环境保护的整合

综上所述，经济落后地区的经济发展与生态环境之间是相互影响的对立统一关系。在短期内，经济落后地区往往为了经济发展而破坏生态环境。但从总的、长远的利益看，经济效益和生态效益是统一的。因为良好的生态环境是经济发展的基础，生态环境的恶化会阻碍生产的发展，从而降低其经济效益。同时，在市场经济条件下，经济效益和生态效益的统一性还表现在随着经济的发展、人们生活水平的提高及健康意识加强，人们对生态产品的需求量及社会评价值会随之提高。由此，社会对生态环境的重视和保护程度就会加强，其采取的惩罚性措施会使得生态效益负值的生产方式变得无利可图，而生态效益与经济效益协调发展的生产则变得更加有利可图，并会得到社会的进一步鼓励和支持。所以，从长远的及理性的角度来看，经济发展同生态环境保护完全有整合的可能性和必要性。

但是，在当前条件下，实行经济落后地区经济发展与生态环境保护的整合并不是一件简单的事。我们必须清醒地认识到在社会经济发展的不同阶段，人们对生态效益与经济效益的评价值是不同的。一般在经济发展水平较低的阶段，人们对生态效益的评价值比较低(而相反则对经济效益的评价值却比较高)。在这个阶段，追求经济效益就会成为生产者的主要目标。这就必然会产生以牺牲生态效益来换取经济效益的行为。其实，这种行为的产生并不是人们不关心生态效益、生态环境和缺乏理性，而相反恰恰是在理性指导下的行为结果。如浙江省丽水市的各县近年来香菇生产迅速发展，每年消耗的资源量超过 100 万立方米，其发展规模速度大大超过了阔叶林的承载力，使阔叶林的蓄积量急剧下降。据丽水市的资料统计显示，20 世纪 90 年代的阔叶林蓄积量下降达 31.2%，其中成、过熟林蓄积量下降 52.3%。由于森林蓄积量的减少，使林地涵养水源、保持水土、调节径流、减少洪涝灾害的功能大大削弱。垒市 34.17%的土壤面积遭受强度侵蚀。台风、暴雨、洪涝、山体滑坡“四位一体”的自然灾害的出现率已为 2 年一次。全市已有 20%左右的动植物遭到威胁，华南虎、金钱豹、百山祖冷杉等许多珍稀动植物

濒临绝迹。其实当地的农民都深知森林的重要性。他们所采取的这种以经济效益换取生态效益的行为是源于脱贫致富的动机和压力。所以，在经济落后地区的脱贫致富过程中，绝不能简单化、理想化地认为经济效益与生态效益之间具有完全一致性，生态效益的提高必然伴随着经济效益的提高。只要我国政府确立了可持续发展战略，经济落后地区的人们就会积极、主动地实现转变，实现迅速与其要求相一致。经济落后地区在脱贫致富过程中要早日真正实现生态效益与经济效益的统一，首先必须要大力发展经济，提高其生产效益。发展是解决问题的真正关键，贫困是保护生态环境的最主要的制约因素，贫困是生态环境破坏的罪魁祸首。如果为了保护经济落后地区其现存的生态环境和资源，而抑制其经济发展速度，在思想上他们无法接受，在实践上也根本行不通。其真正的出路就是针对经济落后地区的具体实际，通过建立一种新的、比原有的传统生产方式更为稳定有利可图的生态生产方式，在实现经济发展的同时保护和优化生态环境。

经济增长必然要消耗资源，消耗资源就必然产生废弃物，废弃物被排放到自然界中，必然对环境形成影响。如果废弃物的排放数量超过了环境的承载力，就会产生环境问题。20 世纪 70 年代以来，尽管我国在环境保护和污染治理方面投入了大量人力、财力和物力，局部地区的生态环境有所改善。但总体上，我国的生态环境破坏还在加剧。长此以往，我们会“吃了祖宗饭，断了子孙路”。在经济落后地区的脱贫致富过程中，我们必须以科学发展观为指导，通过大力发展循环经济，推进经济增长方式的转变，在经济发展的同时保护生态环境，实现经济社会的可持续发展。

整合是指把两个或两个以上具有不同特点的相关部分或因素组合成一个新的统一整体的建构过程。整合是一种运动，是一个过程，是系统的活动。应该指出的是，并不是任意系统的活动都可称之为整合，只有通过多因素、多层次、多关系的耦合联动而形成和谐一致的统一体过程才可称之为整合。经济发展与生态环境保护优化整合是利用生态环境和经济发展变化规律，通过发展生态产业、培育生态文化等技术途径和有效手段达到生态环境与经济发展的和谐统一，实现两者之间协调发展。协调发展并不是意味着“平等发展”，而是指一种相互促进良性循环的“共同发展”过程，并具有三方面特点：

第一，经济发展与生态环境保护优化目标的相对性。经济发展与生态环境保护优化之间的整合不是从最优的经济目标出发或从最优的生态目标出发，而是在特定的自然环境和社会条件下实现最适的经济发展目标与最适的生态环境目标的有机统一。最适的经济发展目标是相对生态环境而言的最佳目标，是人们生活水平和整体福利水平的改善。离开生态环境这个基础，完全纯粹的经济目标就变成经济增长目标，即使这种目标能满足人类的最大欲望，但破坏了人类经济发展的基础，最佳的经济发展目标不能持久。同样，最适的生态环境目标是相对经济发展而言的，是在满足经济发展基础上的最佳目标。离开经济发展这个目标，完全纯粹的生态环境目标对人类社会来说没有任何意义。

第二，经济发展与生态环境保护优化目标的可控性。经济发展与生态环境保护优化的运动变化发展是有规律可循的，人类可以通过认识其运动的规律性，在遵循经济规律和生态规律的基础上，运用科学技术，采取各种经济措施及政策、法律和法规等有效的调控手段，调节和控制其发展变化进程，使经济发展与生态环境之间的运动沿着协同增进的目标发展。

第三，经济发展与生态环境保护优化目标的相对稳定性和动态性。经济发展和生态环境是两个具有相互独立性，但又密切联系的大系统，各自具有自我调节的能力，这种能力能对系统内外的变化进行调节，但这种能力是有一定限度的。当系统外界或系统内部条件的变化未超过系统自身的调节和控制能力时，系统能恢复并维持原有的协调状态。当系统外在或系统内在条件的变化超过系统的承载力时，原有的协调状态被打破，系统会在新的条件下建立新的平衡。因此，经济发展与生态环境的协调发展是相对的、有条件的，其运动又是绝对的、无条件的。

经济落后地区经济发展与生态环境保护优化之间的整合可以有不同的层次和程度。在最低层次上，可以理解为双方不互相抵触，即经济发展不能超出生态环境的阈值范围，不能造成生态环境不可逆转的破坏。从某种意义上讲，最低层次目标的实质是缓解社会经济发展与资源环境的矛盾。在最高层次上可以理解为经济发展与生态环境双方互相促进，互相优化，即实现人与自然和谐。但是，人与自然的和谐只是一种理想境界。从人类生存发展的历史来看，人与自然从来就不是非常和谐的，因为自然界不会自然地满足于人类。就经济发展与生态环境保护而言，自然与人类的和谐应该是人类与自然之间的双向适应。即人类对自然进行改造使得自然适应人类并满足人类的生存与发展，同时人类要尊重自然界的运动、变化、发展规律，维护自然界的有序性，并对这种有序性承担重要责任。

实现经济落后地区经济发展与生态环境保护优化整合，要求人们必须尊重自然、强化生态环境保护意识。但这并不意味着简单地顺应自然，维持现有的生态环境状况，而是应通过建立一种新的生产和生活方式，在实现经济快速发展的同时，实现生态环境的保护与优化。

# 第三章 经济落后地区生态环境与经济协调发展的制约因素与原因分析

## 第一节 人力资源因素制约生态与经济协调发展的原因分析

已有的研究表明，阻碍经济社会发展的最主要障碍并不是自然资源，也不是物质资本、制度资本，而是人力资本。人力资源发展的滞后使得物质资本与自然资本不能够被有效充分运用，使得先进的技术无法实施，先进的制度安排、具有前瞻性的经济社会发展思想无法诞生。因此，人力资源已成为许多发展中国家或地区经济社会发展的“瓶颈”或“短边”生产要素。人力资本理论之父、诺贝尔经济学奖获得者舒尔茨所做的关于“穷人经济学”的演讲中，指出穷国贫困的关键因素不是别的，而是人力资源，进行人力资源开发，改善人口质量，提升人力资本存量，可以显著地转变穷人的观念，提高穷人的经济前途和福利。因此，经济落后地区生态与经济协调发展的主要制约因素是人力资源因素，而制约经济落后地区人力资源开发的原因主要有以下几个方面。

### 一、经济落后地区人力资源开发力度严重不足，人口整体素质重心偏低

从人口受教育程度统计指标来看，中、西部经济落后地区人口受教育程度重心偏低，初中后的教育发展滞后。比如，2018 年全国 6 岁及以上人口受教育程度抽样调查中，未上过学的人口占比全国的平均水平为 5.29%，中部地区(5.36%)和西部地区(7.00%)均高于全国平均水平；小学教育程度人口占比全国的平均水平

为26.88%，中部地区和西部地区分别为26.36%、33.19%，均高于全国平均水平；初中教育程度人口占比全国的平均水平为41.11%，中部地区为43.01%，高于全国平均水平，西部地区为37.03%，低于全国平均水平；高中教育程度全国的平均水平为16.12%，中部地区为16.48%，仅比全国高0.36个百分点，西部地区为13.71%，低于全国平均水平；大专以上受教育程度全国的平均水平为10.59%，中部地区和西部地区分别为8.78%、9.07%，均低于全国平均水平，这表明中、西部地区人口受教育程度不高，特别是西部地区初中后教育严重不足，高素质人才短缺，人力资源结构性矛盾突出，见表3-1。

表3-1 2012年分地区人口受教育程度分布情况

单位：%

| 地区 | 未上过学 | 小学 | 初中 | 高中 | 大专以上 |
|---|---|---|---|---|---|
| 全国 | 5.292 094 | 26.881 42 | 41.112 07 | 16.122 4 | 10.592 01 |
| 东部 | 4.639 621 | 23.731 03 | 41.744 88 | 17.548 19 | 12.336 78 |
| 中部 | 5.361 61 | 26.357 91 | 43.012 72 | 16.482 27 | 8.784 406 |
| 西部 | 6.996 87 | 33.186 43 | 37.032 78 | 13.710 23 | 9.074 748 |
| 东北 | 2.579 725 | 22.688 12 | 45.324 89 | 16.211 99 | 13.197 56 |

## 二、经济落后地区公共财政教育投入偏低

人力资源是第一资源，是经济社会发展的内生动力。经过多年的努力，我国已成为人力资源大国，但还不是人力资源强国。为了建成人力资源强国，近年来，我国教育总体投入不断增加，如2017年，全国公共财政教育投入16 149.74亿元，2012年达到20 314.17亿元，增长了25.79%。但从各地区公共财政教育投入情况来看，2012年公共财政教育投入靠前的基本是一些经济发达地区，其中，江苏、山东、河南和广东四个省份的公共财政投入均达到1 000亿元以上，排名靠后的基本上是我国一些中、西部经济经济落后地区。另外从人均公共财政教育投入指标看，全国人均公共财政教育投入为1 500.308元，其中除西藏、青海、宁夏、新疆之外，北京、天津、内蒙古、辽宁、吉林、上海、江苏、浙江、海南、陕西均高于全国平均水平，这些省区市大多数是我国经济发达地区；而低于全国平均水

平的则大多数是我国经济欠发达的中、西部地区。因此，要促进中部地区生态与经济协调发展，必须改变公共财政教育支出地域结构失衡状况，向中、西部这些“低处”倾斜。

## 三、我国科技人才地区分布不平衡

欠发达的中、西部地区科技创新人才数量不足、流失严重，且这种分布不平衡，“孔雀东南飞”现象还在加剧。技术创新是经济发展的动力源泉，实现生态与经济协调发展需要技术创新。技术创新水平受制约将难以为经济落后地区实现生态与经济协调发展提供支撑。当前，我国科技技术创新水平低下，技术创新投入产出的效率不高。经济合作与发展组织(OECD)在 2018 年发表的《中国创新政策评估》中指出：“中国要想在 2020 年成为真正意义上的创新型国家，除了必须继续加大研发(R&D)方面的资金投入力度之外，更要确保这些投入能够获得合理的回报。”“中国单位研发投入的科学发明成果和技术创新成果还远远低于世界的平均水平。中国包括人力、财力等综合因素在内的总的科技投入大约是美国的 1 / 4，科技产出却只有美国的 8%～9%，也即中国的研发效率只有美国的 1 / 3 左右。”

相比于全国研发水平，我国经济落后地区技术创新投入产出效率更低，深究其原因在于经济落后地区严重缺乏高效率的科技创新人才。具体表现为以下几点：第一，我国科技创新人才分布不平衡，且这种不平衡还将加剧。比如，2018 年全国研究与实验发展(R&D)人员数达到 401.76 万人，其中，东部地区 260.79 万人，占 64.91%；而中部地区 86.67 万人，西部地区人数更少，只有 54.3 万人，中、西部地区 R&D 人员数 140.97 万人，比东部地区少 119.82 万人，全国占比仅有 35.09%。而从 R&D 人员学历构成来看，全国具有博士学位的 R&D 人员 23.17 万人，东部地区 15.26 万人，而中部地区只有 4.6 万人，西部地区仅有 3.3 万人，见表 3−2。

**表 3−2　2018 年研究与实验发展人员分布**

单位：人

| 项目 | R&D 人员数量 | 博士学位人员数量 |
|---|---|---|
| 全国 | 4 017 578 | 231 677 |
| 东部地区 | 2 607 920 | 152 646 |
| 中部地区 | 866 695 | 45 980 |
| 西部地区 | 542 963 | 33 060 |

由此可见，我国科技创新人才主要集中在东部地区，中、西部地区此方面人才严重不足，东部和西部科技创新人才差异明显，且可以预判，如果不采取有效调控政策，这种差异还将进一步加剧。

中西部地区科技创新人才流失严重。在经济发达地区优越条件的吸引下，很多中、西部省区的科技人才大量外流，有人把这种现象比喻成“孔雀东南飞”“一江春水向东流”。在流向经济发达地区的人才中，年轻、职称高和学历高的科技创新人员占较高比例，而这些人才往往正是中、西部地区急需的紧缺人才、拔尖人才和企业骨干。据不完全统计，自20世纪80年代以来，西部地区人才流出是流入的两倍以上，尤其是中青年骨干人才流失严重。仅青海省调走或者自动离开青海的科技人员估计就在5万人以上，新疆调往内地的专业技术人员也达2万多人。在20世纪80年代之前，兰州大学的一些人文社科研究处于全国领先水平，比如，中亚研究、中俄关系史、中国古代史、农民战争史、土地制度史等，但改革开放以后，特别是20世纪90年代以后，随着人才大量流失和老学者纷纷离休，这种优势慢慢丧失。“过去10年，兰州大学流失的高水平人才，完全可以再办一所同样水平的大学。”《中国科学报》2014年1月23日刊发的《西部高校拿什么留住人才》指出：“上世纪80年代末至90年代末，西部高校人才流失现象达到一个‘高潮’。此后，东部地区对西部一般人才的需求逐渐放缓，取而代之的是向海外人才市场和高端人才市场的开拓。时至今日，伴随着国内高端人才市场的急速扩大，东部高校的人才‘原始积累’已经完成。他们不再关注西部高校的一般教师和科技人员，但以长江学者为代表的高端人才依然是东部高校引援的重点目标。”

## 第二节 经济发展水平因素制约生态与经济协调发展的原因分析

经济发展与环境污染之间经常呈现倒U形曲线关系，即当一个国家或地区经济发展水平较低的时候，环境污染的程度较轻，但是随着人均收入的增加，环境污染由低趋高，环境恶化程度随经济的增长而加剧；当经济发展达到一定水平后，也就是说，到达某个临界点或称“拐点”以后，随着人均收入的进一步增加，环境污染又由高趋低，其环境污染的程度逐渐减缓，环境质量逐渐得到改善，这种现象被许多学者定义为环境库兹涅茨曲线。美国、英国和日本等发达国家历史经验也表明，在工业化进入重工业加速发展的时期，工业化和经济发展的速度加快，温室气体排放将不断增加，生态环境即受到严重污染。

当前，我国经济落后地区大多数选择走快速工业化和城镇化发展道路，正处于环境库兹涅茨曲线的“爬坡”阶段。这一阶段，经济落后地区为摆脱落后状态，大力发展冶炼、化工、钢铁、汽车、造船、机械等重工业，使经济保持了高速增长态势，极大地推动了经济社会的发展。但是，事实已经证明，这种发展模式消耗了大量的物质材料和能源，生态环境受到极大的破坏，资源安全问题已经逐渐摆上重要的议事日程：淡水供应日趋紧张，水源危机已经来临，许多地区淡水供给严重不足，已成为经济增长和粮食生产的重大障碍；耕地面积持续减少，使得我国已经逼近了18亿亩的耕地面积警戒线。在此，我们不禁要问，既然城市化、工业化会消耗大量的能源以及排放大量的温室气体，对生态环境造成不良影响，那么我国大多数经济落后地区为什么仍然要选择走这种快速工业化和城镇化道路，其背后的真正原因到底有哪些。具体来讲，主要有以下几个方面。

### （一）经济基础非常薄弱

衡量一国或地区经济基础的宏观经济指标很多，其中，人均GDP最为常用，它是人们了解和把握一个国家或地区宏观经济运行状况的有效工具。近年来我国各地区人均GDP取得了显著增长。欠发达的中、西部地区该指标增速要普遍高于经济发达的东部地区，但是从绝对值来看，中、西部地区与东部地区存在较大差距。如2012年，北京、天津、上海、江苏、浙江、福建等经济发达的东部地区人均GDP大多数超过了5万元，而中、西部地区绝大多数要低于5万元，基本保持在3万元左右，个别地区要更低，比如贵州人均GDP仅有19 710元。由此可见，虽然经济欠发达的中、西部地区近年来经济取得了快速发展，人均GDP指标增速很快，远远超过了经济发达的东部地区，但是经济总量与东部地区相比仍存在相当大的悬殊，这说明我国中、西部地区经济基础还非常薄弱，因此，促进经济快速持续增长在相当长时期内仍是这些地区不得不侧重的首要任务，经济发展低水平的刚性阶段，短期内难以改变。

### （二）城镇化水平过低

城镇化又称城市化、都市化，是指农村人口向城镇聚集、城镇规模扩大以及由此引起一系列经济社会变化的过程，其实质是经济结构、社会结构和空间结构的变迁。从经济结构变迁来看，城镇化过程也就是农业活动逐步向非农业活动转化和产业结构升级的过程；从社会结构变迁看，城镇化是农村人口逐步转变为城镇人口以及城镇文化、生活方式和价值观念向农村扩散的过程；从空间结构变迁看，城镇化是各种生产要素和产业活动向城镇地区聚集以及聚集后的再分散过程。反映城镇化水平高低的一个重要指标为城镇化率，即一个地区常住于城镇的人口占该地区总人口的比例。城镇化是世界各国工业化进程中必然经历的历史阶段，是现代化的必由之路。东部地区北京、天津、上海、江苏、浙江、福建、广东等省份均超过了全国平均水平或者与全国水平基本持平；东北地区的辽宁、吉林和黑龙江城镇化率高于全国；中、西部地区除内蒙古、湖北、重庆等省区市略高于全国之外，其他省区市均要低于全国平均水平，由此可见中、西部地区是我国城镇化道路发展亟须突破的重点地区，直接影响着我国城镇化的整体水平。

### （三）我国欠发达的中、西部地区尚有大量的贫困重点县和连片特困地区县

贫困与否是影响经济发展道路选择的重要因素。如果一个地区非常富裕，那么它们更容易选择生态与经济协调发展的道路，相反则更可能选择走快速工业化和城镇化道路，经济增长和生态保护这两个方面在不同的发展阶段应有所侧重。迄今为止，全国共有 592 个重点扶贫县，其中，中部地区 217 个、西部地区 375 个、民族八省区 232 个，如表 1-4 所示。可见我国扶贫开发工作重点县完全集中在中、西部地区，除此之外，中、西部地区还存在大量的连片特困地区县。

与贫困县集中于中、西部地区相反，我国百强县主要集中在经济发达的东部

地区。比如中国城市竞争力研究会以经济、地理与行政划分为基础，对中国内地的省、区、直辖市所辖县(县级市)的综合竞争力进行系统而全面的研究与评价。该研究2018年中国县(县级市)综合竞争力的总体评价结果显示，我国前100强县中，东部地区占据了59席，中部、西部和东北分别占16、14和11席，其中，江苏、山东和浙江三省表现最为抢眼，三个省占据了百强的将近半壁江山：江苏省在百强中占据18席，山东省占据16席，浙江省占据14席，这有力地表明，江苏、山东和浙江等我国经济发达地区在中小城市和县域经济发展方面走在了全国前列。

## 第三节　资源环境市场因素制约生态与经济协调发展的原因分析

生态与经济协调发展的核心问题是稀缺环境资源的有效配置，而市场经济是迄今为止最能实现稀缺环境资源有效配置的经济体系。微观经济学已经证明了市场运行机制下平等竞争所形成的均衡价格，可以引导稀缺环境资源最佳配置。价格是资源作为商品相对稀缺性的信号和度量，是供给与需求的综合反映，对稀缺环境资源配置起着至关重要的作用。在价格引导下，经济资源在各部门间的流动使得社会资源得到调整，最终实现资源的合理配置。因此，只有当价格是资源环境稀缺性的有效反映时，才能引导稀缺资源环境的合理配置，如果价格不能正确反映资源环境的稀缺程度，则错误的价格信号就会导致市场混乱，资源配置不当。稀缺资源环境的合理市场价格应该等于反映其稀缺程度的相对价格。正是在这种调节过程中，价格机制解决了微观经济学提出的“生产什么”“如何生产”和“为谁生产”的资源配置问题。目前资源环境问题产生的根源在于资源环境市场失灵，尚未建立健全完善的资源环境市场价格运行机制，致使环境资源的市场价格没能反映其稀缺程度的改变。造成环境资源市场没有建立的重要原因主要在以下两个方面。

### (一) 环境资源产权不完全或不存在

市场经济就是产权经济。产权是经济所有制关系的法律表现形式，其包括财产的所有权、占有权、支配权、使用权、收益权和处置权。在市场经济条件下，产权清晰是治理环境污染、生态破坏行为的重要前提。经济落后地区的自然资源属国有或集体所有，但是不同种类、不同地域、不同时间的资源普遍存在着国家所有权和集体所有权界定不清和混乱问题。除此之外，产权主体严重缺位。我国大部分经济落后地区“集体”已成“空壳”，集体经济组织已经名存实亡，根本没有具有法人资格的集体所有者来行使所有权。“集体所有”已经成为国家所有，国家所有即成为政府所有。自然资源所有权主体的缺位，使其就像没有了父母的孩子，没有谁真正关心其成长、好坏，破坏、浪费及污染似乎也成了必然。自然资源产权模糊以及产权主体的缺位，对生态环境保护领域市场机制的引入、利用形成了很大的障碍，给“权钱交易”寻租行为的产生铺设了温床。

环境资源市场价格实质就是环境资源的产权价格。只有当环境资源的市场价格等于其相对价格时，市场价格机制才能在环境资源配置中发挥正常作用。正是资源环境产权界定的不清晰，使得我国资源环境市场价格机制发生了扭曲，从而导致了环境资源稀缺程度与市场价格的脱节，导致了环境资源生产与消费中成本与收益、权利与义务、行为与结果的背离，这是环境恶化的根源。只有当市场价格可以有效地反映资源的稀缺程度时，市场机制才能有效运转。但是，只有在产权明晰的条件下，市场价格才能等于相对价格，等于使用该稀缺资源的边际成本。

### （二）资源环境的公共物品属性

《现代经济辞典》中对公共物品的定义是：公共物品，又称“公共产品”“公共品”，指既没有排他性也没有竞争性的产品和服务。资源环境公共物品与一般公共物品在一些方面存在着差异。资源环境作为一种具有特殊性质和特殊形式的自然和社会的存在，涉及人类社会的方方面面，是整个人类社会赖以存在和发展的基础。随着人类开发自然能力的提高和资源环境本身所具有的各种自然性质，资源环境公共物品呈现出自然和社会方面的多种特性。

自然属性的资源环境公共物品包括自然界自然存在的一切，如阳光、空气等，它们的产生、变化和消亡是不以人的意志为转移的，但是人类在对这些物品使用的过程中，不同程度地对这些物品产生了一些影响，如人类活动所产生的温室效应使全球气候变暖，人类活动会对空气、水造成直接污染。尽管自然属性的环境公共物品大部分是由自然界提供的，但从客观方面来讲它们的基本特征是相同的，即具有非竞争性和非排他性。因此，可以根据自然属性的环境公共物品的基本特性将其分为三类：第一类是纯资源环境公共物品，如阳光、大气、生物多样性等；第二类是消费上具有非竞争性，但是可以做到排他，如原始森林、公园、海滨、沙滩等；第三类在消费上具有竞争性，但是无法有效地排他，如水资源、草原。第二类与第三类可以称为准环境公共物品。这类自然属性的环境物品对于人类和其他生物的生存和发展非常重要。另外，社会属性的资源环境公共物品不同于自然属性的公共物品，它是人类的生活环境条件，主要是由政府、企业和一些非政府组织提供的，比如：居住、交通、绿地、噪声、饮食、娱乐、文化教育、商业和服务业等，其供给的目的是保护环境、利用环境、创造环境。许多社会属性的环境公共物品也体现出公共物品消费的非竞争性和收益的非排他性特征。因此，可以根据环境公共物品的不同表现形态将其分为三类：第一类是实体性的环境公共物品，如人文景观、绿化工程、城市环保设施等；第二类是文化性的环境公共物品，如环保活动、绿色文化等；第三类是服务性的环境公共物品，如文体、教育、商业服务、交通运输、医疗、居住条件等。

正是资源环境公共物品的非排他性和非竞争性的特征，使得消费者也能够不支付费用(成本)而享受这种物品和劳务，形成所谓的“免费搭乘便车问题”。免费搭车者的存在使得无论是私人企业还是个人都缺乏保护环境的内在动力和主动性。正如上文所述，资源环境公共产品分为不同的类型，有纯公共物品和准公共物品，有自然属性的资源环境公共物品，也有社会属性的资源环境公共物品，因此，我们应该根据不同类型的公共物品，建立资源环境市场价格体系，利用市场的“无形”之手配置日益稀缺的资源环境，改变我国当前低碳经济、绿色经济、循环经济等生态与经济协调发展的经济形态只由政府推动的局面。

## 第四节 生态文明体制因素制约生态与经济协调发展的原因分析

诚如上文所述，市场是有效配置资源的重要手段，但市场也会失灵。比如大气环境容量具有天然的产权模糊性，气候变化等环境问题有着明显的外部性。某个经济主体的生产消费活动引起的温室气体排放过量会产生负的外部性，而对于温室气体排放采取的控制行为则会产生正的外部性。当存在外部性时，自由市场难以界定外部环境成本或外部环境收益的归属。所以自由市场经济在温室气体减排中不能发挥理想的作用。由于温室气体减排以及低碳经济发展存在着市场失灵，因此，在引导节能减排和保护环境的过程中，还应充分发挥政府这只“有形”之手的力量，在制定减排政策、选择减排工具、进行产业规划等方面承担重要责任，需要着力建立健全生态文明体制。《中共中央关于全面深化改革若干重大问题的决定》中指出，要紧紧围绕美丽中国深化生态文明体制改革，加快建立生态文明制度，健全国土空间开发、资源节约利用、生态环境保护的体制机制，推动形成人与自然和谐发展的现代化建设新格局。但是，我们也要看到现行法制、体制和机制还不能完全适应生态文明建设的需要，存在较多制约科学发展的体制机制障碍，使得发展中不平衡、不协调、不可持续的问题依然突出。

### 一、环境法律、法规体系不够健全

我国环境保护法律法规中主要存在以下四方面的不足。

一是环保法律修订滞后。尽管我国以《宪法》和《环境保护法》为基础，颁布了一系列环境保护的法律法规以及部门规章，但仍滞后于环境保护实践的需要。比如大气颗粒物 PM2.5，在社会舆论的强烈推动下，2011 年才纳入监测体系，控制目标和措施严重滞后；又如森林的碳汇功能，在现行森林法中没有得到相应体现和落实。

二是法治震慑力不足，且执行过程中自由裁量空间太大，执法不严。例如刑法第338条明确规定，只有当排污行为造成重大污染事故，致使公私财产遭受重大损失或者人身伤亡的严重后果时，才有可能定罪。对于造成污染事故、损失一般的排污行为，刑法并无论及。且环境污染处罚的最高金额是100万元，这对现代化的大规模企业缺乏威慑力，导致一年一度的“环保风暴”和“行政处罚”收效甚微。

统计数据显示：“我国环境违法成本平均不及治理成本的10%，不及危害代价的20%。”相反，违法成本低于守法成本的悖论刺激了一些守法企业向违法轨道的转移。除此之外，相关法律法规在执行中可塑性太强，自由裁量空间太大，造成法规执行随意性强，“按需落实”“按人执行”，对违法企业的处罚力度、执法力度不足，甚至执法违法，降低了法规的权威性和实际执法的效果。

三是相关法规存在“碎片化”甚至相互抵消的情况。如固体废弃物资源化利用的相关规定在清洁生产促进法、循环经济法、环境保护法等法规中均有涉及；污染控制和节约能源的法规相对独立，造成为了污染控制而忽略节约能源，为了节约能源而弱化环境保护。许多污水处理厂和工厂脱硫设施建好后闲置而不运行除了经济利益考虑外，法规的不同指向也是一个重要原因。

四是相关法规条文原则性强、操作性弱。相关条文需要经过细则、条例、政策来细化、落实，而这些细则和政策多具有临时性，忽略长远性，造成政策多变，政策不连续，令投资商和生产企业无所适从，难以从长计议。如2005年我国颁布的《可再生能源法》全文不足4 000字，基本不含操作层面的细则，而美国参议院2010年发布的《美国电力法(草案)》明确规定二氧化碳最低交易限价为12美元(通货膨胀率每年增长3%)，最高限价25美元(通货膨胀率每年增长5%)，十分具体。

### (二) 环保管理体制不完善

我国环境保护实行的是各级政府对当地环境质量负责，环境保护行政主管部门统一监督管理，各有关部门依照法律规定实施监督管理的管理体制。在这种管理体制下，我国政府加大了环境保护和污染治理的力度，各地高度重视环境保护工作，取得了一系列成绩，但全国环境形势非常严峻，尤其是近几年雾霾等重大污染事件的相继发生，使得我国环境严峻形势进一步加剧，现有的环境保护管理体制显得力不从心。之所以会力不从心是由于我国环境保护管理体制还存在诸多的问题，这些问题正是制约我国生态文明体制建立的主要原因。

第一，地方政府控制当地环保部门的人事权和财政权，使得地方环保部门面临双重领导的制约，难以发挥应有作用。当前，我国的地方政府手握当地环保部门的人事权、财政权，以此为条件指令环保部门按当地政府意图行事，否则便对其实行“制裁”。许多地方政府的领导给那些严格执法的环保部门领导扣上“妨碍招商引资”的帽子。由于环保部门的干部人事权、机构编制权、财政支配权都掌握在同级政府手里，因此，地方环保部门处在对法律负责还是对地方政府负责的两难境地中，事实上不得不以听命于地方政府为主。于是就出现了环境保护工作有法难依、执法不严、违法难究的现象，使国家在环境保护上的各项法律法规形同虚设，环保政策无法落实。

第二，环保执法权威难以树立。表现在对建设项目把关难、对违法排污企业的查处难、对排污费的征收难。一是环境监察机构落实建设项目“三同时”管理时缺乏必要的强制手段，不能全面执行建设项目、环境影响评价和“三同时”制度，建设项目不向环保部门申报和不经环保部门审批进行开工建设的现象仍然存在。二是缺乏对污染现场的监督手段，致使企业偷排、漏排污染物的现象严重。目前，基层的许多新建项目都存在先上车后买票现象，有的甚至是上了车不买票；违法排污企业今天查处了，明天又反弹；在排污费的征收上，难以足额征收，上规模的企业均由政府挂牌纳入政府政务中心管理，实行政府定收费额和缴纳时间，在限定的时间内环保部门是无法过问的，一旦企业未缴，环保部门再去执法已经时过境迁，而走执法程序又需要很长一段时间。环保部门缺乏必要的行政强制权，环保执法工作无法得到当地政府的积极配合，环保部门到企业检查、收排污费、处理信访等一系列的正常监督管理工作常因没有当地政府或其他职能部门配合而无法进行。

第三，环保监督管理受到限制。我国环境保护实行的是“环保部门统一监督管理，各部门分工负责”的管理体制。环保部门管理的领域牵涉面广，复杂性强，每做好一件工作，都需要当地政府各个职能部门的密切配合与支持，环保部门无法独立完成。这样，执法的效果总是个未知数，而统一监督管理与联合执法往往无法实现。一是环保部门与有关部门的职责不清、关系不明。“统一监督管理”与“监督管理”具体职责是什么？两者关系如何？环保法未作进一步明确，这容易在实施过程中造成争议。二是环保部门与有关部门同属政府平行部门，不存在领导与被领导、管理与被管理的关系。有关部门能否在环保部门的统一管理下开展环保工作，完全取决于当地政府的意愿，当地政府如果不支持，联合执法便无法实现。有一些县(市)出台“土政策”，规定环保部门不能到企业收取排污费，而由“一个窗口”统一收费，同时限制环保部门每年只能到企业检查一次，而且要事先经过政府批准。这些规定导致的直接后果是排污费数额急剧下降，环境污染纠纷案件得不到及时处理，群众投诉急剧上升，严重影响了污染的治理和环境质量的改善。

第四，环境跨区域污染问题缺乏有效的治理手段和方法。从行政区域角度看，环境的整体性往往被现行的不同行政区所分割。各地经济发展水平有差异、环境保护意识不同，容易造成地方政府在跨区域环境问题上的决策存在差异，各地方政府从自身利益出发，将政策调控范围模糊、难以界定的区域环境问题的治理成本转嫁给其他区域，使跨区域环境保护很难达成一致意见。在我国工业化、城镇化进程中跨区域环境问题层出不穷，主要表现在：一是跨区域污染事件频频发生。我国河流污染问题严重，河水的流动把污染物扩散到区域甚至全域，危害甚大。如淮河、海河、辽河的中下游地区水域污染严重。流域的整体性和人为行政区划分割间的矛盾、排污的外部不经济性，使得地方政府在协调解决环境跨区域的问题上难以合作，在跨行政区水资源管理和水污染防治中低效甚至无效。如近年发生的松花江重大跨行政区水污染事故，大面积雾霾漂移污染事件等都属此类问题。二是行政区污染流转现象突出。由于缺乏区域政府间合作机制及合理的生态补偿机制，我国环境污染转移的现象十分突出。各种污染企业从沿海及东部地区向内陆、西部地区转移，而一些经济经济落后地区基于追求短期利益目的，制定环境优惠政策，吸引一些“三高”企业到本地投资，出现了污染项目从城市向农村、从发达地区向落后地区转移的趋势。污染企业的转移给当地带来经济效益的同时，严重影响了当地环境，尤其是欠发达的西部地区往往处于流域的上游地带，这就造成了区域性、流域性连片污染。

# 第四章　经济落后地区生态农业建设

我国的贫困人口基本上集中分布在西南岩溶石山地区、南方红壤丘陵地区、北方沙漠边缘地区和黄土高原地区等生态脆弱地带，其自然生态环境并不存在农业生产的真正优势。但在今天，“我国各贫困县的农业产值占社会总产值的份额绝大多数超过 50%”，[①]农业还是经济落后地区人民群众赖以生存的最基础产业，而且这种状况在短期内不会改变。

经济落后地区受生态环境的刚性约束及土地边际报酬收入递减的限制，单纯依靠劳动的持续投入很难能成为增加农业收入的主要来源，大量地使用化肥虽然能在短期内起到积极的作用，但过量施肥会造成土壤酸化、次生盐渍化、有害生物滋生、农产品积累的毒性增加，危害人们的健康。要实现经济落后地区经济跨越式发展与生态环境保护优化整合，必须首先要大力发展生态农业，实现农业的可持续发展。

## 第一节　农业生产与生态环境相互关系分析

农业是培育生物的产业，是从土壤中吸收养分，利用光、热、水、气等进行生物再生产的产业。农业生产中，生产者、消费者、分解者组成了一个完整的物质循环，农业生产就是这样一个反复进行物质循环和能量转换的系统。农业生产与生态环境之间是一种对立统一关系，一方面生态环境是农业生产的基础，它直接影响农业生产的速度与水平，另一方面农业生产又直接作用于自然环境，造成自然环境的变化。

### 一、农业生产与生态环境关系

农业生产是借助于生态环境如阳光、土地、水、气候等来实现农业生态系统

---

[①] 周毅．生态资源可持续发展与反贫困[J]．钦州师范高等专科学校学报，1998(4)：22．

中生物与环境、生物与生物之间的能量转化和物质循环，以获取自然界中对人类生产和生活有用的生物的活动，生态环境是农业生产活动中所不可缺少的组成部分，是农业生产存在和发展的物质基础。生态环境不是独立于农业生产的外在条件，而是农业生产的内在要素，离开了一定的生态环境条件，农业生产便无从谈起。

生态环境与农业发展是一个辩证统一体。农业生产既是对自然环境的适应又是对自然环境的改造，对生态环境产生直接的影响。农业生产活动会对生态环境带来干扰，这种干扰如果违背自然规律和生态规律，超过一定的限度，必然会给自然环境带来破坏。农业生产活动如果遵循自然规律和生态规律，那么生态环境就不断为农业生产提供基础条件，并实现农业的可持续发展。而农业的持续发展又可以不断为生态环境保护提供物质和技术支持，从而发展形成一个良性循环。在两者的良性循环中，其相互促进作用会不断放大，从而促进环境保护与农业可持续发展水平迅速提高。与此同时，随着生态环境保护进一步优化及与农业可持续发展的相互促进作用不断增强，两者的联系会越来越紧密，并浑然成为一体，构成庞大而有序的生态经济系统。这个生态经济系统在良性循环中不断改善内部结构，提高构成要素质量，强化系统功能，不断提高其质态水平。

## 二、经济落后地区农业发展面临的生态环境问题

经济落后地区以高原、山地、丘陵地貌为主，地势高峻，地貌形态复杂多变，大陆性气候显著，农业生产的自然条件比较严酷。同时，由于对生态环境不合理的开发利用，加之人为破坏又比较严重，本来就脆弱的生态环境日益恶化，经济落后地区农业可持续发展面临着严峻的挑战。

### （一）地理环境恶劣，自然灾害频繁

经济落后地区农村的生产方式一般都是以种植业或畜牧业为基础，人们的生产活动难以摆脱自然因素的强烈影响和制约，对土地的依赖性极强。我国的经济落后地区集中分布在西南岩溶石山地区、南方红壤丘陵地区、北方沙漠边缘地区等生态脆弱地带，恶劣地形较多。如西北黄土高原有面积不等的沙漠、沙化地貌和黄土荒漠地貌；西南武陵山区和桂西北山区有强烈发育的喀斯特弛貌；青藏高

原和横断山区有寒冻风化地貌等，这些地方的地理环境极其不利于作物生长。但经济落后地区农民为了维持生存，被迫向脆弱的自然环境榨取微薄的生活资料，过度垦殖、过度放牧，甚至挖掉草根作燃料。土地利用不当，加剧了水土流失、草原沙化，使原已贫瘠的土地更加贫瘠，自然灾害增加。中国是世界上遭受自然灾害最严重的国家之一，经济落后地区又是中国自然灾害发生率最高的地区，而且自然灾害出现类型多，常见的有洪、旱、霜、雹、震等多种自然灾害，加之泥石流、滑坡、崩塌等地质灾害，给经济落后地区人民的农业生产造成严重损失。

### （二）水土流失现象严重，耕地承载能力低下

经济落后地区集中分布的黄土高原、横断山脉、云贵高原、青藏高原及黄河中上游等地区水土流失日趋严重，面积有增无减。湖北省秭归县的水土流失面积占其总面积的83.64%，其中强度和极强度流失面积占总面积的56.86%。[①]黄土高原已成为我国乃至全世界水土流失最严重的地区，平均每年每平方公里流失土壤5 000至10 000吨，少数流失严重区域高达20 000至30 000吨，居世界所有地区水土流失量之冠。[②]土地的流失必然伴随着土壤中大量有机物的流失，使得农业耕作变得更加恶劣。耕地是农业最基本生产条件，耕地资源贫乏、耕地承载能力脆弱是经济落后地区自然生态环境的重要特征之一。

### （三）土地沙化和草原退化趋势加剧

我国农牧交错地带的半农半牧区及干旱地区的绿洲边缘，沙漠化问题日益严重。目前西北地区的沙漠化面积已达3.2亿亩(1亩≈0.067公顷≈666.67平方米)，每年仍以10万公顷的速度在继续扩大。土地沙漠化的直接危害是草地退化，目前西北地区已有1/3面积的草原退化，仅青海省的退化草场面积就达967万公顷，产草量下降近一半。我国北方最大的畜牧业基地锡林郭勒草地退化面积已占草地总面积的50%以上，草场退化每年造成的损失达4亿元。[③]

---

① 严立冬. 创建贫困地区农业可持续发展的生态环境基础的基本思路[J]农业经济问题，2002(3)：49.

② 张培军，刘生荣，李成福. 西部地区发展生态农业的思考[J]. 内蒙古林业科技，2005(1)：39.

③ 王正斌，何爱平. 发展西部生态农业的对策研究[J]政策研究，2002(10)：27.

### (四) 环境污染日益严重

众所周知，经济落后地区为了改善财税条件、实现脱贫致富，大力发展工业。但由于资金、地理区位等各方面的原因，经济落后地区的工业企业往往布局不合理，设备简陋，技术落后，环境保护设施不配套，“三废”排放量呈快速上升趋势。此外，农药、化肥、地膜的无节制使用，超过了土壤的有限自净能力，面源污染日益严重，生态环境受到严重破坏，局部地区的污染程度远远高于沿海和发达地区，直接或间接地影响着经济落后地区农业可持续发展。

农业是经济落后地区最基础的产业，在社会经济发展中具有不可替代的作用。生态环境是农业可持续发展的基础。经济落后地区在农业生产发展过程中，必须通过大力发展生态农业，建立起合理利用自然资源、保持生态稳定和持续高效的农业生态系统，打破农业生产发展与生态环境恶化的恶性循环，实现农业生产可持续发展。

# 第二节　生态农业及经济落后地区发展生态农业的意义及特殊性

## 一、生态农业的内涵

### (一) 生态农业的概念

“生态农业”一词最初是由美国土壤学家 A. William 于 1971 年首次提出的。此后，英国农学家 M. K. Worthington 发展并充实了“生态农业”的内涵，将生态农业定义为“生态上能自我维持，低输入，经济上有生命力，在环境、伦理和审美方面可接受的小型农业系统”。20 世纪 80 年代，我国以生态学家马世骏教授为代表的一批科学家，选择性地吸取了国外生态农业研究的成果，结合中国国情，提出了“中国生态农业”的概念，并组织推动了不同规模的试点、示范。经过 20 多年的探索和发展，我国的生态农业建设取得了一定的成就，表现出蓬勃旺盛的生命力。然而，我国的生态农业虽然在实践上成效斐然，但对于什么是生态农业，学术界还没有形成统一的观点，如生态学家叶谦吉认为生态农业就是从系统思想出发，按照生态学原理、经济学原理和生态经济学原理，运用现代科学技术成果和现代管理手段以及传统农业的有效经验建立起来，以期获得较高的经济效益、生态效益和社会效益的现代化的农业发展模式。简单地说，就是遵循生态经济学规律进行经营和管理的集约化农业体系。生态农业专家孙鸿良认为生态农业是运用生态学、生态经济学原理和系统科学的方法，把现代科学技术成就与传统农业技术的精华有机结合，把农业生产、农村经济发展和生态环境治理与保护、资源的培育与高效利用融为一体的具有生态合理性、功能良性循环的新型综合农业体系。生态农业专家卞有生认为中国的生态农业是在总结和吸取了各种农业生产实践的成功经验的基础上，根据生态学和生态经济学的原理，应用现代科学技术方法所建立和发展起来的一种多层次、多结构、多功能的集约经营管理的综合农业生产体系。[①]尽管目前国内理论界和学术界对生态农业还没有一个明确统一的概念，在实践中生态农业发展模式多种多样，但强调农业生产与资源和环境的持续、协调发展，注重经济效益、社会效益、生态效益的统一是国内外对生态农业理论与实践的共识。借鉴国内外的研究成果，笔者认为生态农业可以理解为，以促进农业和农村经济社会可持续发展为目标，以“整体、协调、循环、再生”为基本原则，以继承和发扬传统农业精华并吸收现代农业科技手段为技术特点，以农业可持续发展为目标，把农业生产、农村经济发展和生态环境治理与保护、资源培育和高效利用融为一体，不同层次和不同产业部门之间全面协作的新型综合农业生产体系。

### （二）生态农业特征

生态农业要求通过合理地安排生产结构和产品布局，努力促进物质在系统内部的循环利用和多次重复作用，尽可能减少肥料、饲料和燃料等原材料输入，尽可能多地输出安全、高品质的产品及其加工制品，从而获得生产发展、生态环境

[①] 邱高会，李智．浅谈中国生态农业的特点[J]．生态经济，2006(5)：238-239.

保护优化、资源再生利用、经济效益提高的综合效果。其主要特征如下。

1．综合性

生态农业强调发挥农业生态系统的整体功能，以大农业为出发点，按“整体、协调、循环、再生”的原则，全面规划，调整和优化农业结构，使农、林、牧、副、渔各业综合发展，并使各业之间互相支持、相得益彰，提高综合生产能力。

2．高效性

生态农业通过物质循环和能量多层次综合利用和系列化深加工，实现经济增值，实行废弃物资源化利用，降低农业成本，提高效益，为农村大量剩余劳动力创造农业内部就业机会，保护农民从事农业的积极性。生态农业强调经济效益，追求高的农业生产收入，不排除资本和农业生产资料的合理投入，也不排除化肥和农药的适度投入。

3．多样性

生态农业针对我国地域辽阔，各地自然条件、资源基础、经济与社会发展水平差异较大的情况，充分吸收我国传统农业精华，结合现代科学技术，以多种生态模式、生态工程和丰富多彩的技术类型装备农业生产，使各区域都能扬长避短．充分发挥地区优势，各产业都根据社会需要与当地实际协调发展。

4．持续性

发展生态农业能够保护和改善生态环境，防治污染，维护生态平衡，提高农产品的安全性，变农业和农村经济的常规发展为持续发展，把环境建设同经济发展紧密结合起来，在最大限度地满足人们对农产品日益增长的需求的同时，提高生态系统的稳定性和持续性，增强农业发展后劲。

### （三）我国主要生态农业模式

近 20 年来，生态农业的理论研究和实践在我国获得广泛开展。1982 年，北京大兴县留民营村首先进行生态农业实践试验，紧接着江苏、浙江、湖北、辽宁、四川、广东、上海等省市纷纷开始了生态农业的实践试验。1985 年，第三次国务院环境保护委员会会议开始明确提出要推广生态农业的经验，每个省市都要搞1～2个生态农业试验点。自此，我国生态农业建设进入了一个蓬勃发展的新阶段。目前，我国的生态农业试点已遍布全国，在各地都出现了很多不同类型、不同规模的先进典型。我国的生态农业发展虽然类型与规模千差万别，但在总体上没有超出2002年由农业部提出，并得到大力推广的生态农业模式。

1．北方“四位一体”生态农业模式

这一模式是针对北方冬季传统农业生产难以进行、沼气池难以越冬、农业废弃物不能充分利用、农民冬闲以及农村厕所不卫生等一系列问题，依据生态经济学原理，运用系统工程方法创造的一种农业生态模式。这种模式将畜(禽)圈(舍)、厕所、沼气池全部建在日光温室(塑料大棚)内融为一体，利用太阳能大棚冬季增温保温，棚内养猪或种菜，猪粪及人粪尿沿斜面出口进入沼气池，沼气沿输送管道进入农家作为生活能源，沼液废料进入蔬菜大棚做肥料还田。使保护地栽培技术、高效饲养技术、厌氧发酵技术、太阳能高效利用技术在日光温室内实现有机结合，在同一块地上实现了产、气、肥同步，种植、养殖并举的环保型生产机制，并使该系统物流循环加速和趋于合理，有效解决了包括农村能源供应、农村环境卫生、农民收入增加在内的诸多问题。

2．南方“牧—沼—果”生态农业模式

该模式是为防止水土流失和开发利用山坡地而兴建的典型模式，可概括为建立一个以林果为中心，结合养猪、养鸡、沼气为纽带，综合发展果树种植业、畜牧业的生态种养模式。其主要方法为山顶种植林木，山腰种植果树，果园边建猪舍及沼气池，果园里养鸡，粪便肥果树，杂草、果树枯叶、猪鸡粪便下到沼气池产生沼气，供生活燃料和照明等用，沼液肥果树。通过采用这种模式，可明显减缓农村燃料的短缺，保护森林资源，改善土壤的结构并提高土壤肥力，增加系统的生产力，提高产品的品质，增加生物多样性，减少病虫害的危害和环境污染。

3．平原“农林牧加”复合生态模式

该模式按照生态学和经济学原理，把农业生产、畜牧生产、农副产品加工、运销、生产资料的供应及服务业等，按照一定的组合方式有机结合起来。包括“粮—饲—猪—沼—肥”生态模式，“林—果—粮—经”立体生态模式。该模式具有以下特点：一是多样性。系统内的植物产品(果、瓜、菜、粮等)、动物产品(家畜、家禽产品)、农副加工产品、林业产品及运输、服务业等多种成分在不同的空间结合起来，使系统结构向多组分、多层次、多时序、多产品和高效益方向发展，具有生产和保护双层功能。二是增值性。在充分利用食物链及生态位原理，促进农林牧业协调发展的基础上，实现农林牧产品的多级加工利用增值：向深加工方向发展。三是稳定性。该模式具有多种组合形式和较为完整的功能，因而有很强的生态稳定性。四是高效性。该模式通过集约经营，使各要素共生互利、协调发展，维持了生产的稳定性和高效益。

### 4. 草地生态恢复与持续利用生态模式

在土地沙化、水土流失严重的生态环境脆弱地区，由于水热矛盾突出，人们的过度垦殖、过度放牧、乱砍滥伐等不良经营方式造成环境退化，植被群落被严重破坏且恢复困难，针对这些问题建设相应的生态恢复与持续利用模式。包括牧区减牧还草模式、农牧交错带的退耕还草模式、南方山区种草养畜模式、沙漠化土地综合防治模式、牧草产业化开发模式等。根据生态系统的退化程度，通过“自然禁封”“生物措施(人工种草、造林措施)”和“工程措施”相结合的模式来完成。

### 5. 生态种植模式

生态种植模式是指依据生态学和生态经济学原理，利用当地现有资源，综合运用现代农业科学技术，在保护和改善生态环境的前提下，进行粮食、蔬菜等农作物高效生产的一种模式。该模式主要包括间套轮种植模式、保护耕作模式、旱作节水农业生产模式、无公害农产品生产模式等。间套轮种植模式是指利用生物共存、互惠原理，在耕作制度上采用间作套种和轮作倒茬的模式。保护耕作模式是一种用秸秆残茬覆盖地表，通过减少耕作防止土壤结构破坏，并配合一定量的除草剂、高效低毒农药控制杂草和病虫害的耕作栽培技术。保护性耕作通过根茬固土、秸秆覆盖和减少耕作有效地保持土壤结构、减少水分流失和提高土壤肥力而达到增产目的。该技术是一项把大田生产和生态环境保护相结合的技术，俗称“免耕法”或“免耕覆盖技术”。旱作节水农业是指利用有限的降水资源，通过工程、生物、农艺、化学和管理等，把生产和生态环境保护相结合的一种农业生产技术。该技术模式可以消除或缓解水资源严重匮乏地区的生态环境压力，提高经济效益。无公害农产品生产模式是在玉米、水稻、小麦等粮食作物主产区推广优质农作物清洁生产和无公害生产的专用技术，集成无公害优质农作物的技术模式与体系，以及在蔬菜主产区进行无公害蔬菜的清洁生产及规模化、产业化经营的技术模式。

### 6. 丘陵山区小流域生态模式

由于丘陵山区水土流失严重，在治理过程中必须采取包括工程措施、生物措施、农艺措施在内的配套技术措施。工程措施主要包括修建梯田、挖截流沟、治侵蚀沟及打机电井、修建水库、塘坝，层层拦蓄水，蓄、调、排、引、提相结合的方法。该措施可以起到改造坡耕地，缩短坡面径流长度，减少汇流面积，防止耕地上部的林地荒地产生地表径流的作用。生物措施主要包括营造水保林、农田防护林、种植植物防冲带、种草等。该措施可以增加地表覆盖度，调节地表径流，防止土壤侵蚀和水土流失。农艺措施主要包括调整垄向、实行土壤培肥、作物轮作制等提高抗灾能力。根据各地实际，可采取“围山转”模式，生态经济沟模式，西北地区牧、沼、粮、草配套模式，生态果园模式等。

### 7. 生态畜牧业模式

该模式是利用生态学、生态经济学原理，结合系统工程和清洁生产的理论和方法进行畜牧业生产，其目的在于实现保护环境、资源永续利用与生产优质的畜产品的有机结合。包括综合生态养殖场生产模式、规模化养殖场模式以及生态养殖场产业化开发模式。建立生态农业养殖场是从大农业观点出发，以“整体、协调、循环、再生”为原则，按照生态学和生态经济学原理，粮、经、饲统筹兼顾，畜、禽、渔、粮、加工多场合一，延伸食物链、生产链，提高农产品的附加值，从而促使农业丰产丰收，实现持续发展，从根本上改变农业的弱质现象。

### 8. 生态渔业模式

该模式是遵循生态学原理，采用现代生物技术和工程技术，按生态规律进行生产，保持和改善生产区域的生态平衡，保证水体不受污染，保持各种水生生物种群的动态平衡和食物链网结构合理的一种模式，将同类不同种或异类异种生物在人工池塘中进行多品种综合养殖。其原理是利用生物之间具有互相依存、竞争的规则，根据养殖生物食性垂直分布不同，合理搭配养殖品种与数量，合理利用水域、饲料资源，使养殖生物在同一水域中协调生存，确保生物的多样性。包括池塘混养模式、海湾鱼虾贝藻兼养模式、基塘渔业模式、以渔改碱模式、渔牧综合模式等。

### 9. 观光生态农业模式

该模式是遵循生态经济学原理，运用系统工程的方法，开发自然景观与人文景观相结合的旅游资源，实现农业生产的生态化与持续发展。主要包括高科技生态农业观光园模式、精品生态农业公园模式、生态观光村模式以及生态农村模式。随着人们工作节奏的加快、生活水平的提高、工业的高速发展、耕地和绿地面积的不断减少，环境污染问题日趋严重，人们向往绿色，回归自然已成为主流，该模式正是为满足人们这一需求而产生。

### 10. 设施生态农业

设施生态农业是在设施工程的基础上通过以有机肥料全部或部分替代化学肥料(无机营养液)、以生物防治和物理防治措施为主要手段进行病虫害防治，以动植物的共生互补良性循环等技术构成的新型高效生态农业模式。包括设施清洁栽培模式、设施种养结合生态模式、设施立体生态栽培模式。

## 二、经济落后地区发展生态农业的制约因素

目前，虽然我国在生态农业的理论研究、试验示范、推广普及等方面已经取得了很大成绩，但不能否认，还存在着一些问题。这些问题正成为制约经济落后地区生态农业进一步发展的障碍。

第一，思想认识不足。在广大经济落后地区，人们“产品高价、资源低价、环境无价”的旧观念仍然根深蒂固，许多地方政府在实践中很难正确处理全局的、长远的生态效益和局部的、短期的经济利益之间的关系。在衡量干部政绩时，往往也是多考虑经济效益，少考虑甚至不考虑生态效益。同时，由于生态农业涉及整个大农业甚至整个区域土地资源的合理开发利用，其效益往往具有全局性、长期性和滞后性，仍有相当部分的行政领导和农民还担心生态农业会打乱原来的正常生产和生活，会损害当地的经济利益，影响自己的政绩或收入，宣传和推广生态农业的积极性不高。

第二，资源与环境基础差。长期以来，经济落后地区农村人口过多、劳动力过剩，人均自然资源短缺而且浪费严重。人地矛盾突出，土地退化严重，草场退化、沙化、沙漠化趋势仍在发展，能源紧缺、植被破坏、水土流失、自然灾害等一系列问题不断加剧。同时，随着工业化和城镇化进程的不断推进，环境污染也不断向农村转移。不少地区仍未能走出“人口增长一生态环境破坏一经济社会发展迟缓”的恶性循环。。

第三，土地制度的制约。众所周知，土地是农业最主要的生产资料，而当前我国农户的土地普遍采取承包方式经营，按人口进行平均分配。这样，在人多地少的经济落后地区，必然出现土地生产规模过小的情况。且我国农户经营的耕地面积呈进一步缩小的趋势，一方面随着农民家庭的不断分化，现有农户耕地面积继续不断细分；另一方面由于承包者死亡等原因造成土地被又一次平均分割，土地进一步零碎化。若无农户的支持，任何生态农业建设都不可能成功，但农户式的生态农业建设却很难达到经济规模。

第四，农业科技推广服务体系的制约。若无良好的农业科技推广服务环境，生态农业的技术再好，也难以真正发挥其积极作用。目前我国农业科技推广服务环境存在诸多不利于生态农业推广的因素：首先，农业科技推广体制及运行机制与市场要求不相适应。传统计划经济体制下发展起来的农技推广体系的运行机制是按照计划模式而建立的，选择什么项目推广以及推广范围多大，主要表现为政府行为。行政式推广方式剥夺了农户作为市场主体的权利，使农民只能被动地接受推广技术，造成推广效率低下。其次，农业科研教育推广部门政出多门，体系松散，形不成强大的合力，科研单位长期处于传统的科研管理模式中(立题、科研、试验、鉴定、申报成果)，与推广部门没有直接联系，使大部分科研项目变成以获奖为研究目的，而不能适应农村经济发展之需要，真正适用的科技成果很少，造成大量农业科研成果无效供给。农业推广部门对农业科研的进展情况把握不足，所需解决的技术难题又未尽列入科研计划正规途径，而作为市场主体的农户往往得不到需要的技术，得到的技术又不需要，这就造成供求矛盾。

第五，法律制度的制约。生态农业作为一个变革传统农业生产方式的社会经济活动，需要一个明确的导向系统，一个可靠的支撑系统。虽然生态道德是一个重要的支撑系统，但要发展生态农业、推广实行生态农业仅仅依靠道德约束是不够的，因为与法律相比较，道德仅仅是通过一个“良心发现”来约束主体的行为，道德无法上升到成文法的强制约束力层面。生态农业作为一种新的、更高层次的农业发展模式，当前正方兴未艾，但到目前为止，中国仍无专门的生态农业立法。由于缺乏生态农业法律，没有一个有国家强制力保障的行为规范、行为准则来支撑，人们对于自己的生产生活行为造成的环境问题加以自觉约束便欠缺标准，生态农业的开展就将步履维艰。

## 三、经济落后地区发展生态农业的特殊性分析

我国的贫困人口基本上集中分布在西南岩溶石山地区、南方红壤丘陵地区、北方沙漠边缘地区和黄土高原地区等生态脆弱地带。从整体来看，这些经济落后地区的环境资源类型可分为两类：一是以东南丘陵山区及西南喀斯特地区为代表，其基本特点是人均耕地较少且地面坡度较大，水土流失严重；二是以青藏高原、黄土高原和蒙新干旱区为代表，其基本特点是少雨干旱和热量资源相对不足。这两类地区都不存在农业生产的真正优势。但在今天，农业还是经济落后地区人民群众赖以生存的最基础产业，而且这种状况在短期内不会改变。

经济落后地区的农业生产在第一种环境资源类型中占主导地位的是农耕作业，在第二种环境资源类型中占主导地位的是畜牧业。要实现经济落后地区的农

业可持续发展，必须首先要实现经济落后地区耕作业和畜牧业的可持续发展，建立生态耕作业和生态畜牧业。

农耕作业是人类历史上最古老的产业，肩负着向人们提供食物和其他基本生活资料的重任，它与人们的生存息息相关。在第一种环境资源类型的经济落后地区，由于人口数量的增加而引起人地矛盾尖锐化及不合理的耕作方式，人们长期以来一直进行着盲目毁草、毁林开荒的粗放式经营。这种单纯以土地垦殖方式来追求产量增加的做法其结果必然是使生态系统变得十分脆弱，抵御自然灾害的能力变差，并在很多地方造成了严重的生态危机。

在第二种环境资源类型的经济落后地区中占主导地位的产业是畜牧业。畜牧业是我国干旱和半干旱经济落后地区人们最主要的生产方式。据资料显示，我国现可利用的草场约 39 283 万公顷，其中天然草地可利用面积为 33 099 万公顷，占草地总面积的 84.3%，主要分布在年降雨量小于 400 毫米的干旱、半干旱地区。新中国成立以后，特别是改革开放以后，畜牧业的蓬勃发展及各种畜禽医疗技术的提高保证了畜养数目的大幅度提高。可是广大牧民长期忽视对草原进行保护，他们为了获得更大的收益，不断增加着羊群的数量。过度的放牧使全国 90%可利用的天然草场不同程度退化，其中牧草覆盖度降低、沙化、盐渍化等中度以上明显退化的草地占退化草地面积的 50%。[①]目前我国人工草场建设迟缓，还不能起到调节季节草场的平衡和抗灾保畜的作用。所以，牧区的牧畜长期摆脱不了“夏天吃饱、秋天肥壮、冬春死亡”的状况。而且超载过牧往往导致土壤结构过于结实和有效水分减少，使许多牧场、居民点和饮水点周围变成裸地、沙化地，生态环境不断恶化，牧民生活更加困难。

我国经济落后地区幅员辽阔，各地自然条件、经济条件各不相同，加之各地的经济、社会发展和资源分布差异较大，选择生态农业发展模式时，不同地区应根据各自的具体实际来进行合理的区域布局和规划，既可以采用种模式，也可以多种模式并用，以最大限度实现生态环境保护和农民增产增收。

---

① 宋建军，张庆杰，等．环境资源与人口[M]．北京：中国环境科学出版社，2001：109．

## 第三节　经济落后地区发展生态农业的主要措施

对生态环境依赖性最大的是农业，对生态环境影响最大的也是农业。农业是经济落后地区人民群众赖以生存的基础产业，要实现经济落后地区经济发展与生态环境保护优化整合，必须要走可持续的优质高效农业发展道路，即通过采取科学的农业生产模式，合理开发利用资源，发展生态农业，实现农业生产与生态环境的良性循环。

### 一、经济落后地区发展生态农业的原则

发展生态农业并不是简单地植树造林或退耕还林、退耕还草，而是以生态学和生态经济学原理为依据，在一定的区域内建立起来的低输入、高产出、少污染、可持续的农业生态系统，以实现经济效益、生态效益和社会效益的高度协调和统一。经济落后地区要在既存的生态环境条件和经济基础的前提下达到这一目的，在选择生态农业模式和确定其内部结构时就必须遵循以下原则：

#### （一）因地制宜原则

由于经济落后地区自然、经济条件差异很大，农业生态系统不可能搞统一的模式。因此，经济落后地区在发展生态农业时，不能盲目照搬外地的经验，更不应该搞“一刀切”，各地应该根据本县市的自然、经济、历史条件合理地设计农业生态系统的结构和内容，科学地选择各业的项目和品种，并有效地进行时空布局，只有这样才能最大限度地发挥本地资源的优势，实现效益最大化。

#### （二）维护生态原则

生态农业的核心理念是在保护和优化生态环境的基础上充分利用自然资源发展农业生产。我国广大的经济落后地区生态环境脆弱，在农业生产过程中，必须搞好水土保持，减少土壤、农田和水污染，防止土壤次生盐渍化，实现农业与生态环境协调发展。

### （三）提高效益原则

对于经济落后地区来说，发展经济、摆脱贫困是首要任务，发展才是最硬的道理。如果为了保护生态环境而抑制生产发展维持贫困落后，这不但使经济落后地区的人们在思想上无法接受，在实践上也与全面建设小康社会的目标相背离。我国经济落后地区的生态农业发展不可能像西方某些国家那样把重点放在环境效益的提高上，而应在保护环境的前提下，提高生产力。保护生态环境，并不是保护那些低效、低产的原始生态环境，而是通过加强生态建设，增加科技和设施的投入，建立一个高产出、能持续的高效生态环境。此外，经济效益的提高，也不是单纯指种植业的效益，而是注重农、林、牧、副、渔的全面发展，扩大整体效益。

### （四）循环利用原则

传统农业之所以效益低下，关键就在于没有对自然资源环境进行综合利用。经济落后地区在农业生态系统的建设中，必须依据当地的资源和经济条件，调整生产结构，把农、林、牧、副、渔等各子部门依据生态系统物质循环的原理巧妙地联系起来，使某一部门所产生的副产品和废弃物能为另一部门有效地利用，从而尽可能地减少废物的排放，最大限度地提高资源的利用效率和农业生产效益。

## 二、发展多种形式的生态农业

### （一）立体种养农业

#### 1．平原区常用模式

(1) 农田互利共生种植模式。

农田互利共生种植模式是将农田与农业生物，如粮食、蔬菜、菌类、果蔬等作物进行科学的布局，充实每一个能够利用的生态位，并且使他们能够相互利用、，以此来达到增加产量、提高农业效益的目的。

(2) 种、养结合型模式。

种、养结合型模式的核心思想是废物资源化实现生态产物的多级利用。比如，鸡—猪—沼气—食用菌—蚯蚓养殖模式，鱼—田—蚕—猪—蚯蚓模式等。

(3) 种、养、加结合型模式。

种、养、加结合型模式是种养结合的基础上，增加农副产品加工或者工业生产这一环节。该模式能够将农业产业链延长，增加农产品的附加值，对我国农业经济的发展和农民收入的提高具有十分积极的意义。

**2．山区常见模式**

(1) 小流域综合治理模式。

小流域综合治理的基础是水土保持，林果种植是整个生态体系的核心。在该模式中，农业种植与水保措施结合施行，从而将单一的农业种植、养殖活动的外援扩大，向着工商业联合经营这一现代化农业发展模式转变，整个生态农业区域将会成为丰收高产的果品、畜牧生产基地，木材、乳制品加工基地。小流域综合治理，应该坚持以生物防治、不新增环境破坏这两个基本原则，将区域内的各个子功能系统有机地结合起来，激发整个治理系统的最大生态和经济效益。

(2) 林—果—粮—牧模式。

林果体系是生态农业发展中的一种重要模式，该模式将整个山区作为农业生态系统为规划对象和范围，旨在通过生态产物的利用、生态空间的利用建立起一个综合性的生态农业循环系统。该模式除了能够比较有效地保持水土之外，还能将山地资源进行充分的开发，实现对荒山生物资源的有效利用，增大我国农业可利用空间。一般来说，荒山草坡养禽、山沟养鸡等都属于该模式下的一种生态农业发展模式。

(3) 贸—工农结合模式。

农业经济的发展必须与市场结合起来，在生态农业系统的构建过程中，我们应该清晰的认识到这一点，从市场需求出发，发展现代化的立体式农业，将特色生产、生态种植融入整个生态系统之中。该模式的核心思想是“以工带农”，通过工业生产与市场需求的结合，促进农业经济的发展。

**3．城郊模式**

城市是农副产品的重要销售市场，靠近城市的农村地区或者城郊应该充分利用自己的区位优势，积极开拓城市农产品市场，促进农业经济的发展。通常来说，发展蔬菜、水果种植业以农畜产品加工业是该类型农业生产模式的主要形式。随着我国城镇化步伐的逐步推进，该类型的农业发展模式将会拥有越来越广阔的发展空间和发展前景，在生态农业的发展规划过程中相关人员要充分考虑这一因素，有针对性地对城郊、近郊地区的农业生产进行规划。

### （二）观光／旅游农业

随着我国城市化水平的提高，脱离农村和土地的人口越来越多，城市高压力、快节奏的生活激起了人们对简单、舒适的农村生活的向往，越来越多的城市人会在周末或假期选择到农村休闲度假，旅游观光农业正在成为农业经济发展的一个重要增长点。除此之外，随着人们生活水平的不断提高，城市居民对的食品的消费开始追求质量，因此无公害蔬菜、绿色食品产业将成为我国农业经济和农村地区发展的一个重要思路。

近年来，我国农业生产逐渐脱离了简单的向城市单一输入农产品这一模式，正在向着集农业生产，农业生态休闲、娱乐，农产品加工这一现代化农业发展模式转变，不少地区已经建立起了农业生态休闲旅游基地，出现了一批带领农民致富的农产品加工龙头企业。

发展观光农业、旅游农业应充分发挥和利用农业的“三生”功能。

(1) 生产功能。农业的生产功能可以为城市的生产和生活提供新鲜的原材料，比如蔬菜、水果、粮食等。

(2) 生态功能。农业的生态功能是指农业能够调节人与自然的关系，促进人与自然的和谐发展。

(3) 生活功能。在都市农业区或者近郊的农业生产区域开辟绿地、市民农园、花卉公园、教育公园等，不仅能够提高城市居民的生活水平与生活质量，还能够促进农业经济的发展，促进农村与城市间的交流，提高农民的收入和生活质量。

### （三）有机农业及其标准

有机农业是可持续发展农业的重要组成部分，作为一种新型的农业发展模式，有机农业可以很好地将农业生态环境的保护、农业经济的发展结合起来，解决目前我国农业经济发展与生态环境保护的困境。要想发展有机农业，就必须了解有机农业生产的标准。国际上对有机农业生产标准已经有了一些比较一致的看法，具体如下。

(1) 种植业中禁止使用化肥以及化学农药等，长期使用或食用会对土地资源和身体健康造成伤害的物品。

(2) 不能为了长期贮存农产品或者保鲜，使用违禁的化学药剂。

(3) 农畜产品的饲养中，不能使用破坏牲畜自然生产状态的抗生素、激素等违禁药品。

美国的有机农业发展时间较长，有机农产品生产标准体系较为成熟，其农业部对有机农业的要求主要有以下几种。

(1) 一种生产系统中，尽量避免或者不使用非天然肥料或饲料。

(2) 为了保证土壤的肥力，避免因长期种植农作物造成土壤贫瘠，要轮作种植，依靠天然腐殖质以及有机肥料增强土壤的可持续耕作能力。

(3) 依靠生物手段来防治农作物病虫害，保证植物的健康生长。

### (四) 可持续农业技术

可持续农业法发展技术，是生态技术与农业生产技术结合的产物，它是一种综合性的、集多种功能于一体的技术，是实现农业可持续发展的基础。就目前各种的可持续农业技术而言，适合发展中国家国情的，比较成熟的技术主要有以下几种。

#### 1. 作物多样化

种植的多样化可以促进局部种植生态的改善，帮助种植户抵御大风、冰雹等恶劣天气的影响，降低农产品出售的市场风险，有效减少各类病虫害的影响，提高产量。

#### 2. 填闲作物保水养肥

在谷物或蔬菜收获后，尽量不要让土地处于闲置状态，即使不在种植农作物，也可以种植黑麦草、苜蓿等能够控制杂草生长、保持水土或者改善土壤肥力的作物。

3．多种作物轮作

多种作物轮作符合生态学基本原理，以及土壤利用和植物生长的客观规律。作物轮作对于控制病虫害、减少水土流失以及防止土壤侵蚀能够起到很好的预防和保护作用。

4．害虫综合治理(IPM)

害虫综合治理是指将生物、种植、物理和化学等农业技术手段通过科学的规划结合到一起进行实践应用的一种害虫治理措施。害虫的综合治理能够用最小的经济成本，换取最大的生态效益和经济效益。

5．养分管理

农作物生长的不同阶段、不同的农作物对营养成分的需求量以及需求类型都有很大的差异，在农业种植过程中我们应该有针对性的对处于不同营养需求状态下的农作物进行施肥管理，最大限度地提高农作物的产量，从而提高农业经济发展的效率。

6．水土保持

水土保持是可持续发展农业中必须要解决的一个问题。目前比较常见的水土保持措施主要包括，丘陵耕作梯田、平原带状耕作、土质松软区少耕、免耕等。

## 三、科学保护农业资源

### （一）土地资源的保护和利用

1．水土保持技术

水土保持技术包括林草技术、农业技术和工程技术等，在此只简单进行介绍。

水土保持林草技术是通过人工造林种草、封山育林育草等技术措施，采用多林种、多树种、乔灌草相结合，建设生态经济型防护林体系。

水土保持农业技术指改变坡面地形、增加地面粗糙度和覆盖率、增加土壤抗侵蚀力等方法。包括等高耕作、深耕、平翻耕作、垄作耕作等和草田轮作、间作套种、带状间作、沟垄耕作、水平防冲沟种植等。

水土保持工程技术包括斜坡固定、山坡截留沟、沟头防护、梯田等坡面水土保持工程和谷坊、拦沙坝、淤地坝、护岸等水土保持工程和小型水利工程等技术。

### 2. 土地复垦技术

矿区极端恶劣的土地条件会阻碍植被的自然生长，对土地景观造成巨大影响，还会产生很严重的环境污染，如重金属污染等。在土地资源的保护中应该应探索对这类土地的复垦技术，提高土地的复垦率和生产潜力。

目前我国矿区土地复垦的典型技术，大致可分为两类技术体系。

(1) 环境要素技术体系。包括土地+土壤+水资源+大气等的重建、改造和利用技术。

(2) 生物要素技术体系。包括物种、种群和群落等的恢复再生技术。

具体的恢复措施包括人造表土工程、多层覆盖、特殊隔离、土壤侵蚀控制、植被恢复生态工程等。复垦的关键在于植被恢复以及为植被恢复所必需的土壤微生物群落的重建。由于矿区废弃土地的水分状况很差，特别是养分极其贫瘠，导致植被很难恢复。所以首先要通过机械方法平整压实土地，人工制造表土；在植树种草时，可以施用菌根真菌等人工菌剂，以活化土壤中难以被植物利用的磷以及其他元素，提高植被的成活率。

### 3. 盐碱、酸土改良技术

对盐碱地的改良包括预防和治理两个方面。

(1) 预防措施包括健全灌排系统控制地下水位、发展节水农业、改造水渠、避免稻田分散、采取合理农林措施抑制土壤返盐等。

(2) 治理措施包括水利改良、平整土地、深翻改土、结合耕作保苗的农业耕作改良、种稻改良以及土壤配肥与植物覆盖改良措施等。

土壤酸化指土壤内部产生或外部输入氢离子而引起的土壤酸碱度降低等现

象。对土壤酸化的防治技术包括：减少化肥使用量，增施有机肥、生物肥等，病虫害综合防治(IPM)，轮作，施用石灰改善土壤构成、提高土壤的缓冲能力，使用镁肥、锌肥等。

**4．沙漠化土地综合治理**

(1) 沙漠化土地的综合防治模式。

1) 少耕免耕覆盖技术。

植被是保护土地沙化的重要因素，因此在土地沙漠化的综合治理当中我们应该充分激发和利用植被的防沙固沙功能，在沙漠化耕作区要收割留茬，减小种植密度或者免耕，尤其是在沙漠化将为严重的季节应如此。另外，沙漠化地尽量覆盖越冬性作物或牧草，该措施能够有效降低冬季风沙对土壤的侵蚀，保护耕作土地。

2) 乔灌围网、牧草填格技术。

沙漠化地区发展抗旱农作物种植，形成乔木或灌木围成的农田保护网，也能够对土地沙化起到有效的防止作用。在灌木网中，还可以种植牧草来增加地面的植被覆盖率，并且可以适当收取牧草来发展养殖业，促进当地经济的发展与农民生活水平的提高。

3) 禁牧休耕、休牧。

不科学的耕作习惯和畜牧业对地表植被的破坏是比较严重的，尤其是在沙化的草原或者农田地区，只有禁止农耕或者放牧才能缓慢地恢复地表植被的覆盖，尤其是畜牧业每年应该休牧 3～4 个月，以确保被消耗地表植被能够恢复过来，从而保证土地不被沙化。

4) 再生能源利用技术。

风能、太阳能和沼气都属于新型能源，加强对这些能源的开发与利用能够有效地保护农村地区的植被以及生态环境。比如，内蒙古乌兰察布市，以“进一退二还三”的结构调整模式(建一亩水浇地基本农田，退耕二亩低产田，还林还草还牧)，以带状间作、轮作为主，大面积控制了土壤的风蚀沙化。

(2) 常见的治沙技术。

1) 生物治沙。

生物治沙是指通过人工植被、保护和恢复天然植被，最终达到防治风沙危害、治理并开发利用沙漠化土地的目的。

2) 工程治沙。

工程治沙是采用机械方法，通过固、阻、输、导等方式在沙面上设置沙障或覆盖，或将风沙挡在远离防护区的地段，或将风沙导向防护区的下风向等地区。

3) 化学治沙。

化学治沙是利用化学材料及工艺，在容易发生沙害的沙丘或沙质地表，建造具有一定结构和强度的能防止风力吹扬、同时又能保持水分和改良沙地性质的固结层。

4) 农业治沙。

农业治沙是指通过翻土压沙、砂土耕作、带状耕作、复耕压青等方法将沙化的土地利用起来，通过局部生态系统的循环来逐步改善沙土的质量，从而达到防沙治沙的目的。

## (二) 水资源的保护和利用

### 1. 农艺节水

(1) 改变传统灌溉模式，确立非充分灌溉制度。

控制性分根交替灌溉技术是另一种节水思路的产物，即人为保持根系活动层的土壤在水平或垂直剖面的某个区域干燥，从而限制该区域的根系吸水；使另一部分的根系生长在湿润的土壤区域中。干燥区的根系会将水分胁迫信号传递到叶面，促使叶气孔关闭以减少作物蒸腾，从而达到节水的目的。这种灌溉技术已经被初步证明是一种高效而可行的节水新技术。如大田玉米的隔沟灌能在保持高产水平下，比常规地面灌节水 33.3%，效果显著。

1) 作物调亏灌溉。

根据作物的遗传和生态生理特性，在生育期的某些阶段，人为主动施加一定程度的水分胁迫(亏缺)，从而调控地上和地下生长，提高作物产量。

2) 精确农作。

综合利用信息技术、地理信息系统等先进的现代科技，根据土壤及作物的需要，在农事操作上实现精确的水分、肥料、农药等投入品的控制，达到节水、节肥、高产优质、环保等多种目标。

(2) 其他栽培耕作节水措施。

要达到较好的节水效果，应选择恰当的适合当地气候条件和水分条件的作物种类和品种种植，并结合相应的栽培耕作措施、间套作(农林牧复合系统)、农田覆盖等措施。

1) 抗旱耕作措施。

通过耕、耙、耢、锄、压等措施，改善耕层结构，充分接纳自然降水，尽量减少土壤蒸发和无效水分消耗，包括蓄水和保墒两方面。例如，深松耕法可以提高土壤的蓄水能力；而免耕少耕技术则具有不破坏土壤结构、增加土壤有机质、减少地面蒸发、提高土壤的保肥蓄水功能、耗能少等多种功能。

2) 沟畦改造技术。

精细平整土地、长畦改短畦、宽畦改窄畦、大畦改小畦、长沟改短沟等。使灌溉水在田间分布均匀，节约时间，可比常规沟畦灌减少定额50%左右。

3) 坐水种技术。

利用相应的播种机，使开沟、浇水、播种、施肥和覆土一次完成。用这种方法播种的玉米与常规沟灌玉米相比，可节水90%，增产15%～20%。

4) 农田覆盖技术。

可利用秸秆、专用覆盖材料等实现农田节水、保墒、增温、除草、高产优质的目的。在专用覆盖材料中，当前有各种不同规格的有机膜、有孔膜、锄草膜等。灌溉技术和农田覆膜的结合可实现更大程度的节水。我国863科技项目，植树造林的新材料——蓄水渗膜，它是一种高分子复合材料功能膜。其渗水速度与土壤湿度呈负相关，并且具有自行调节功能。从而达到科学、均衡、有效地渗水，满足苗木生长对土壤水分的要求，提高造林成活率，有效解决干旱、半干旱等生态恶劣地区植树造林、防沙固沙的难题。

合理施肥、水肥耦合也是提高水分利用率的重要途径。有机肥和无机肥配合施用并掌握合理的氮磷钾肥料比例。

### 2. 工程节水

(1) 提高输水工程效率。

提高输水工程的效率，主要有渠道防渗技术和管道输水技术。

1) 渠道防渗漏技术。

渠道防渗技术是提高输水工程效率的重要途径。与土渠相比，浆砌石防渗可减少损失 50%～60%，混凝土减少 60%～70%，塑料薄膜可减少 70%～80%。各种防渗材料的防渗效果。

2) 管道输水技术。

管道输水是指用管道(塑料管或混凝土管道)代替明渠输水，将灌溉水直接送到田间，水的有效利用率可达 95%，可提高输水速度，加快灌水进度，控制灌水量，同时具有节能、省地、省工的特点。按照管道的输水压力的大小，可以分为低压管道系统(压力一般小于 0.2 MPa)和非低压管道系统(压力大于 0.2 MPa)。

灌溉设备要符合我国一家一户的使用要求，成本要低。关于这方面，现正在印度、孟加拉等国推广的一种简易、低成本的人力提水泵(treadle pump)加可移动滴管式滴灌设备的实践值得借鉴。这种设备适用于打不起机井，而又想在旱季进行灌溉增加一季种植的小农；以及有少量共有水源，但地块小而零散、甚至是梯田坡地，而想进行灌溉的小农群体。它最深可提抽 6m 以内的浅层地下水加以利用。

(2) 提高田间灌水效率。

提高田间灌水效率的关键在于适当减少灌水量，以减少深层渗漏和无效的田问蒸发。包括改进地面灌溉技术、喷灌技术、微灌技术、膜上灌技术等。

1) 波涌灌。

该灌溉技术是一种新型的地面灌溉技术。它采用间歇供水和大流量的方式，整个灌水过程根据地块的大小被划分为几个供水周期，人地水流分阶段推进。这种灌溉方式能够降低土壤的入渗率，提高田间灌溉的效率和均匀度。在美国已加上电脑时控(开关阀)设备。

2) 喷灌。

喷灌对大田作物来说一般可省水 30%～50%，增产 10%～30%。还有一种低压(低能耗)精确喷灌技术，即在喷灌设备的喷臂的每一个喷嘴处加一下垂喷管，从而使水更接近植株，以减少在干热条件下普通喷灌大量的蒸发浪费。

3) 微灌技术。

该技术包括滴灌、微喷灌、渗灌等方式。它可以将水分以很小的流量均匀、准确、及时直接输送到作物根部附近的土壤表面或土层，水肥同步，适应性强，一般可省水50%～80%，增产效果十分显著。滴灌还可以结合薄膜进行膜下滴灌，它可以抑制土壤盐分的回升，防止土壤次生盐渍化，增产和节水效果明显。另外，还有一种地下灌溉技术，即把灌溉水输入地面以下铺设的透水管道或采取其他工程措施来抬高地下水位，依靠土壤的毛细管作用浸润根层土壤，从而供给作物所需水分的一种工程技术。

4) 膜上灌或膜孔灌技术。

该技术是新疆建设兵团创造和发展的一种节水技术。将地膜栽培的垄上覆膜改为垄间覆膜，灌水时水由膜上推进。提高了水流速度，缩短了水分供给作物的距离，并且极大地减少了土面蒸发。

(3) 集雨利用技术。

工程措施不但包括以上所涉及的“节流”技术措施，而且也体现在“开源”方面。如集雨利用技术和劣质水再利用技术等。同所有的“现代化”方式相反，集雨系统是一种投资极少、主要依靠当地降水的技术已经在许多地处半干旱、干旱国家和地区存在了上百数千年，是一种典型的所谓“乡土智慧”。“集水型农业”是指利用人工集流面或天然集流面形成径流，将径流储存在一定的储水设施内，以供必要时进行有限灌溉，并与农作种植管理措施相结合的农业发展模式。它与传统水土保持型农业的区别是主动进行降雨的存储和调节。

就集水技术本身而言，由于现代材料技术的应用，使它的推广面积及作用有了质的变化。我国技术人员近年来已研究出高强度水稳土壤固化剂(HEC)和沥青玻璃丝油毡两种集流效率高的新材料，从而为建立超大容积水窖提供了有力的支持。

**3．生物节水**

地球上一切淡水资源主要来源于天然降水。而天然降水除了形成河川径流和补给地下水外，还有一半左右是作为土壤水存在的。因此要重视对土壤水的研究和利用。尤其是在干旱和半干旱地区，土壤水是相当重要的农用水资源。在我国北方，土壤水资源占降水资源的60%～70%，合水深360～420 mm。实验表明，在小麦生育期内，土壤水量可占到全部耗水量的1/3。

要充分利用土壤水、提高作物的水分利用效率，很关键的是要选育耐旱、抗旱型高产作物种类和品种。作物自身的水分利用效率种间差异可达到2.5倍，而种内差异也可达到1倍左右。利用高水分利用效率的品种，可以达到在不降低产量的情况下大幅度减少蒸腾量；或在不增加蒸腾量的情况下有效增加产量。现已证明，植物水分利用效率是一个可以遗传的性状。

利用生物技术，可以高效地选择高水分利用效率的作物品种。如基因工程、细胞工程、酶工程和发酵工程等现代生物育种技术，正成为催化农业资源高效利用、促进可持续发展的先导技术。与节水农业相关的生物技术研究涉及抗旱的生物制剂、生物代谢、信号传递、基因定位及遗传资源的筛选、基因分离和培育抗旱高产品种等。墨西哥利用生物技术培育出一种高抗性能的小麦，可以利用海水灌溉，能耐0℃以下的低温和50℃的高温，富含纤维素及氨基酸。据不完全测算，我国农业生物性节水替代潜力在400亿 $m^3$ 以上。

### 4. 化学节水

利用一些化学制品可以达到很好的集水、保水、抑制蒸发和保护作物生长的良好效果。如保水剂、抗蒸腾剂等。

保水剂是利用强吸水性树脂等材料制成的一种具有超高吸水保水能力的高分子聚合物。它能迅速吸收和保持自身质量几百倍甚至上千倍的水分。由于分子结构交联，能够将吸收的水分全部凝胶化，因而具有很强的保水性，可缓慢释放水分供作物吸收利用，并且具有反复吸水功能。其溶于水后溶液呈弱碱性或弱酸性，无毒、无刺激性。从原料上可以分为淀粉类、纤维素类、聚合物类；从形态上可分为粉末状、薄片状、纤维状、液体状。例如，创新1号、LT-1、TAB等。

抗蒸腾剂：实践证明适当减少作物的蒸腾作用不会对作物生产造成明显影响。

抗蒸腾剂可以分为薄膜型(十六烷醇)、代谢型(苯汞乙酸)和反光型(高岭土)三种。我国近年从风化煤中提取的黄腐酸具有促进根系发育、缩小叶片气孔开度的作用，是一种很有效的抗蒸腾剂，其推广面积在逐渐扩大。

土壤改良剂：它可以促进土壤形成团粒，改良土壤结构，抑制蒸发，防止水土流失。包括矿物质、腐殖质和人工合成等类型，目前还主要依靠从国外进口。

## 四、加快农业科技创新的步伐

加速我国农业科技创新的步伐应该从提高我国农业科技创新能力、提升我国农业科技创新效率以及推进我国农业科技创新应用三个方面来入手。

### （一）培养农业科技创新人才

#### 1．明确农业院校的办学目标，优化培养模式

农业科技创新人才培养是一个系统工程，学校教育仍然是培养的主渠道，其教育效果受到很多因素的影响，如接受培训者的素质、学校导师的教学水平、学校的教育培养条件以及管理制度等。农业人才的培养要充分借助高校现有的教育资源与教育优势，可以通过高校与农民直接合作或者高校教育与农业生产实验基地相结合的方式来进行，通过理论与实践的结合最大程度的激发学校的育人功能，培养一批理论基础扎实，实践能力强的实用型人才。

科技创新人才最基本的智力特点就是独立思考能力强，行动能力强，敢于冒险与挑战。科技创新人才具有一个共性，即思维方式与切入角度的反常性，这种反常性并不是叛逆或者错误，而是从一个一般人想象不到的角度对整个问题进行思考与剖析从而使整个问题变得简单。在日常表现中，创新能力强的人经常表现出思维转换的突变性、跳跃性以及逻辑上的转折性。

#### 2．加大投入，鼓励和支持农业高校发展

国家财政是农业科技获取资金支持的主要途径，因此加大农业科技投入实际上说的就是政府要加大对农业发展的支持力度，增加在农业科技研究与农业技术推广教育方面的投入，从而保证我国农业生产技术的先进性与农业技术成果转化

的顺畅性。当然，财政投入是加强农业科技研究与农业技术人才培养的物质基础，在这个基础之上国家还要通过一系列的政策激励与指引来增强高校培养农业科技人才的决心，激发当代大学生学习农业科技，投身农业的热情。只有财政支持与政策支持同时启用，双管齐下才能最大程度地保证我国农业科技人才培养的效率与质量，满足我国日益增长的农业发展对人才的需求。

#### 3. 落实农业科技人才待遇，理顺农业人才流通渠道

按照市场经济规律办事，大幅度提高农业技术人员待遇、改善工作条件是解决两个怪圈和恶性循环的关键。人才成本目前很难由农民直接支付，特别在美国将在未来十年补贴农业 1 900 亿美元的形势下，我国政府应该考虑反哺农业。在基层政府机构改革中，坚持小政府、大服务，就要压缩政府编制、提高技术服务人员的待遇和地位。而目前基层技术推广人员的待遇不少地方难于落实。技术推广人员失去了政府的支持和农民的信任，举步维艰，他们的职业处境让后来者敬而远之。

#### 4. 高校围绕农业产业结构调整，搞好农业科教服务

几十年来，我国的高等农业院校在服务农业生产中发挥了巨大的作用，为我国农业解决温饱和创高产做出了不可磨灭的贡献。而目前的农村产业调整，更需要教育先行、科研保驾。

高等农业院校提高农业科技创新主要应从以下几个方面入手。

(1) 资助、鼓励农业院校科技成果产业化，为农业生产服务，增设农业科技贡献奖和农业技术推广奖，对做出重大贡献的农业科技工作者进行奖励。

(2) 积极推进现代农业的专业和课程的调整。

(3) 充分利用各地农业院校的教育资源，举办农业技术培训班。

(4) 充分利用各院校的网络学院或网络教学系统，开展不同类型的技术培训和技术咨询，为农民解决新技术方面的难题。

### (二) 提高农业科技创新投入

(1) 政府要承担起当前农业科技创新能力建设投入主体的角色。

在我国现有国情下，政府必须成为承担农业科研投资的主角。由于农业科技成果大部分是“公共产品”和“公共服务”，农业科技活动是一项风险性极大的探索性活动，使得投资者难以完全占有其投入所带来的经济利益，单纯依靠企业或其它科技创新主体难以解决投入问题，决定了政府在农业科技投资一定要起一个相当重要的作用。更重要的是农业科研成果的受益者不仅是生产者，还包括消费者以及国家的社会政治稳定。从各国的经验来看，单靠市场和企业并不能充分及时地提供对科技的完备的支持。目前，企业成为我国农业科技创新体系的主体的条件目前尚未成熟。因此，在目前或今后一个较长的阶段，政府应成为农业科技创新能力建设的主要投资者。

(2) 优化政府科技创新投入结构。

合理调节基础研究、应用研究和开发研究三者的比例。由于我国农业基础研究所占的比重过低，致使基础科研储备不足，直接导致应用科研和开发科研的发展缺乏后劲。应该增强科技投入的合理性，加强农业基础性研究的投入力度，逐渐加强在基础研究、应用研究以及知识产权不易得到保护的、技术难以物化的、社会效益高于经济效益的应用基础和应用研究以及农业发展战略和政策的研究。对于重点领域的重点项目给予适当的资金倾斜，加大农业技术推广的费用和科技事业费的比重，提高科研资金的使用效率。

优化农业科技创新能力建设投入的领域。我国农业科技投入的行业结构要与农业总产值的行业结构一致，要与大农业中农、林、牧、副、渔各行业之间相协调，在生产过程方面要逐步向产前和产后倾斜，应将畜牧业和水产业作为科研投资的重点，而经济作物尤其是园艺作物应成为种植业内部的投资重点。

(3) 积极引入非政府资本。

农业科技创新需要大量稳定的资金投入，仅仅依靠国家有限的财政资金投放是远远不够的。近年来，随着农业企业，尤其是农业龙头企业、农民专业合作组织的发展和壮大，非政府部门农业科技投资在农业科技投资中所占的份额不断上升，农业科技投资主体多元化趋势明显。许多国家尤其是发达国家政府在增加对农业科技投资的同时，私人在农业科技上的投资数量及所占的份额明显增长。因此，农业科技的有效供给，必须形成以政府为主导的多渠道供给格局，实现农业科技供给主体的多元化。各级政府在大幅度增加对农业科技投入的同时，还要调动企业、个人等社会力量投入农业科技，从根本上改变农业科技投入严重不足的状况。

一般来说，非政府资本进入农业科技创新领域的方式主要有以下几种。

第一，通过依靠公平、充分竞争的市场机制形成市场激励。

第二，以先进的、具有挑战性、能使得多方的创新活动参与者共赢的创新目标，充分调动创新活动参与者的积极性和创造性，形成目标激励。

第三，通过对企业、研发机构和创新人员采取奖励、产权等多方面的收益，对创新的参与者进行报酬激励。

第四，拓展投融资渠道，适当降低科技企业贷款及上市融资的门槛，设立科技投资风险基金，建立完善农业科技的风险投资机制。

### (三) 优化农业科技创新管理

(1) 转变政府职能，树立新的管理理念。我国已经初步建立起来社会主义市场经济体制，但不可否认的是，在农业科技管理上，“科技管理行政化”的倾向仍然明显。现有农业科技管理仍是决策权与执行权一体，科技部门一方面要负责农业科技投入的规划、计划和使用，另一方面要安排项目经费的预算决策，甚至肩负科技投入经费使用的监督职能，容易造成科研经费的浪费、科技项目与市场需求脱节。只有转变这种管理思路，树立新的管理理念，才能转变政府职能。

建立服务型政府，要求政府的治理从官本位向社会本位转变，以“管理就是服务”为根本理念，有效率地提供优质足量的公共产品和公共服务。服务型政府具有以下几个特点：由掌舵代替划桨、实现和增进社会的公共利益、政府职能有限、跨部门的协调管理和依法进行公共事务管理。根据农业科技管理全过程中的不同表现形式，政府对农业科技管理的主要内容可分为点、线、面三个层次。

通过转变政府和市场之间的关系，政府从管制者向公共产品与公共服务提供者的角色转化。加强农业科技法规建设，规范农业科技管理工作，由直接控制为主转变为间接管理，主要是方针指导，制定规划和法规，监督检查，协调服务。政府应从单纯的“管理”向“服务”转变，面向需求，积极主动地为科研机构、院校、企业和民众等农业科技创新活动的各种利益相关者提供服务。

(2) 建立科技项目动态监控机制。科技发达国家的经验表明，加强对科技项目和目标的独立的监督和评估，是提高科技资源的使用效率的重要手段。农业科技项目由于其自身的独特性，以及在项目计划付诸实施之后，始终受到时间、自然气候条件、成本预算、质量标准和资源等因素的约束，更难以完全按照计划实现，也因此对实施项目控制提出更高的要求。引入科学的专业项目监控评价体系，对项目实施全程化跟踪、评估和控制。项目监控评价体系的职能包含风险管理、进程管理、费用管理、验收考核、跟踪评价、信用档案六项内容，监控评价程序包括项目论证、项目监控、项目验收和项目跟踪评价等内容。

(3) 不断推进农业科技管理工作手段的信息化。在网络和电子技术高度发达的今天，农业科技管理人员还应建立数字化的管理观念，利用计算机、网络、通信等技术对管理对象和管理过程进行量化，来实现对农业科技管理的计划、组织、协调、控制等职能。推进项目管理网络化，搭建高效的信息管理平台，可以突破地域、时间和范围的限制，能够提供实现信息共享和提高效率的管理手段，为项目管理提供统一、方便、高效的管理平台。建设公平透明的国家农业科技管理信息化平台，同行能够相互了解获得国家资助的科研项目的情况，发挥群众监督的民主管理作用。

# 第五章　经济落后地区生态工业建设

工业经济在贫困落后地区的脱贫致富过程中起着极其重要的作用。工业经济的发展有利于提高资源利用效率，增加地方财政收入，加快农村富余劳动力转移和人们生活水平的提高。随着我国贫困落后地区工业经济的不断发展壮大，排放的各种有害气体、废水及工业垃圾等污染物日益增加，所造成的环境污染和生态破坏日益严重，它所带来的生态环境污染问题已成为人们关注的热点问题。今天，如何在工业快速发展的同时保护好生态环境，实现经济效益、环境效益和社会效益的协同提升，已成为我国经济落后地区社会经济发展中一个亟待解决的问题。

## 第一节　经济落后地区工业经济发展的意义剖析

由于历史及现实等方面的原因，经济落后地区往往以农业为主，两眼紧紧盯着耕地，工业发展落后，产业格局僵化。工业的落后直接导致财政入不敷出，并制约着对农业的投入和第三产业的兴旺发达，严重影响了经济和社会的健康发展。对于大部分经济落后地区而言，在抓好农村产业结构调整、发展高产优质高效生态农业的同时，立足本地资源和区位实际大力发展工业经济，是实现经济社会跨越式发展的重要举措。工业发展能为农村剩余劳动力转移提供就业机会，释放出农业剩余劳动力的创造力；同时，随着人们收入的增加，扩展了市场广度和深度，将有可能填补农村传统产业与非农产业之间的结构断层，为经济落后地区经济发展找到一条持续快速发展的新道路。

众所周知，由于区位、历史及思想观念等方面的原因，经济落后地区经济社会长期封闭，跳不出自给自足的自然经济的圈子。改革开放以来，特别是“八七扶贫攻坚计划”实施以来，政府在人力、财力和物力上对经济落后地区给予了大力支持，但对于始终以农业为基础的很大部分经济落后地区来说，只能解决温饱，没有真正实现脱贫致富。农业的发展在一定的时间范围内能解决农民温饱问题，但从长远看可能会成为延续贫困落后的主要力量。因为农业与工业及第三产业之间，由于技术和制度的差异，存在着许多不兼容因素，这些因素在缺乏能量转换的情况下，致使落后的经济结构被不断地复制下来，贫困也会被不断延续。

工业，特别是植根于传统的农业经济之上的农村工业，在制度和文化等方面与农村社会有着许多的同构因素，一方面易为农村社会所接受，另一方面又可为把农民组织到农业以外的经济部门中准备条件。同时，农村工业又是现代工业扩散的结果，在组织技术方面同外界保持着相对稳定的联系。这样一来，农村工业便成为二元经济的桥梁，成为脱贫致富的重要力量。因此，在贫困落后地区，可以通过调整政策，依靠工业发展聚集起自身的经济力量，充分发挥农村剩余劳动力替代资本的作用，以推动本地经济成长。这样聚集起来的经济能量一旦释放出来，所产生的乘数效应之大不仅可以改变贫困落后的经济面貌，而且可以使经济落后地区加入到经济快速成长区域之列。另外，工业发展还会降低解决二元经济矛盾的难度。这是因为二元经济矛盾绝不可能是单一的技术水准问题，而是包含在政治、经济、社会和文化的方方面面，蕴含着传统与现代矛盾的全部内容。对于经济落后地区而言，这种矛盾的深刻性是难以想象的。集传统因素与现代因素于一身的工业经济，其发展意义是十分巨大的。在经济落后地区发展工业经济，为农村剩余劳动力转移提供了就业机会，农民收入增加，市场需求扩大，生活方式发生变化，从而推动整个经济向市场化和现代化转变，为经济落后地区经济发展找到一条摆脱贫困走向发展的道路。

改革开放以来，我国的广大经济落后地区以乡镇企业为主体的农村工业广泛介入各个领域，在较低的技术层次上复制和放大了现有加工工业，扩大了传统产品的供给，成为经济发展的首要带动力量，构成了经济活动中不可忽视的发展力量和结构变革力量。一些经济落后地区通过工业经济的发展和小城镇建设，吸收农村和城市的生产要素向其集中，使传统农业的改造和现代工业的结构调整获得一个空间上的结合点,使经济发展跟上了整个国家经济发展的步伐，实现了脱贫致富。

## 第二节　经济落后地区发展生态经济面临的问题

### 一、生态工业科学内涵

#### （一）生态工业的含义

生态工业是通过合理、充分、节约地利用资源，实现产品生产和消费过程对生态环境和人体健康的损害最小化，及废弃物多层次综合再生利用的工业发展模式，是应用现代科技而建立和发展起来的一种多层次、多结构、多功能、变工业排放物为原料、实现循环生产、集约经营管理的综合工业生产体系，是一种新型的工业模式。这种模式与传统模式最显著的区别在于，它力求把生态环境优化作为发展的重要内容，作为衡量工业发展的质量、水平和程度的基本标志，从而实现工业经济的可持续发展。

在传统工业发展模式中，许多企业并没有把生产中的排放物视为浪费或作为资源对待。例如一些企业排放的污水中经常含有大量的稀有金属，其含量超过天然矿砂的含量，具有非常大的回收利用价值，但这些企业没有本应配套建设的处理设施，污水随便排放到江、河、湖泊中，不但浪费了资源，还严重破坏了生态环境。发展生态工业，是工业经济发展从单纯注重工业经济增长到注重经济社会全面发展的一个重要的里程碑，它体现了工业生产技术体系和工业经济发展现代化的实质与方向，是经济落后地区工业发展的理想模式和最佳形态。

#### （二）欠发达地区发展生态工业必然性分析

经济落后地区变革传统工业发展模式，建立生态与经济相协调的生态经济效益型现代工业发展模式，不仅是历史的必然，更是现实的呼唤。

党的十六大报告指出，我国必须走一条科技含量高、经济效益好、资源消耗低、环境污染少、人力资源优势得到充分发挥的新型工业化道路。新型工业化道路的核心就是工业发展建立在生态环境保护的基础之上。虽然随着我国经济社会改革和发展的深化，经济落后地区的发展战略发生了重大转变，可是，现实总不尽如人意。

目前我国经济落后地区工业生产就总体而言，传统工业发展模式仍然处于主导地位，工业经济增长还是主要依靠资源、资金和劳动力的大量投入与消耗。在工业生产建设中，片面地追求产值产量，盲目追求高速增长，不讲求优化经济结构；只讲经济效益，不管生态效益，这个项目能获利就上，管它生态破坏不破坏，怎么排污对自己单位有利就怎么排，管它环境污染不污染等等，工业的发展方式还以破坏生态环境为代价。其结果是符合社会需要的优质产品少，返回自然的废弃物多，生态恶化。这与新型工业化道路的要求是背道而驰的。

历史和现实都表明，我国经济落后地区的工业发展已经被它的传统模式逼到了一个必须作出历史抉择的重要关头，是坚持传统工业发展模式，继续以高投入、高消耗、高污染来实现工业高速增长；还是采取技术进步、优化结构、节约资源、保护生态环境的生态工业发展模式?这是摆在我们面前的两种选择。既然传统工业发展模式难以为继，就应当认真地吸取历史的教训并清醒地正视现实的困难，在经济落后地区的脱贫致富过程中，推进工业发展模式的转换，建立生态与经济相协调的生态经济效益型工业发展模式，即生态与经济相协调的、可持续性的生态工业模式。

生态工业模式一方面以生态和环境成本最小化、资源消耗节约化、循环利用和成本内生为原则，使用绿色技术改造传统工业产业体系，大力推行清洁产业，建立绿色工业产业制度，促进经济落后地区工业产业制度和产业结构的变革。另一方面，在制定产业政策与产业规划时，生态工业模式要求把各种产业、各种产品的资源消耗和环境影响作为重要的考虑因素，严格限制能源消耗高、资源浪费大、污染严重的产业发展，积极扶助质量效益型、科技先导型、资源节约型的产业发展。生态工业模式既促进了经济发展，又促进了生态环境保护，实现了经济效益、社会效益和生态效益的有效结合，是经济落后地区工业发展的最佳模式。

## 二、经济落后地区发展生态经济面临的问题

### （一）社会经济问题

改革开放以后，特别是“八七扶贫攻坚计划”实施以来，我国经济落后地区的工业获得了长足的发展，取得了喜人的成绩。但同时不可否认的是，长期以来经济落后地区的工业发展面临着许多困难和问题。

#### 1．产品档次低，附加值小，竞争力差

经济落后地区由于劳动力充足、低廉，且受资金、区位等方面的限制，发展的工业多为劳动密集型加工企业。在发展初期，这些企业生产成本相对较低，直接面对农村消费市场，具有一定的比较优势。但是随着经济的发展，人民生活水平的提高，市场选择性增强，其比较优势快速丧失。再加上宏观调控不当，一般加工能力过剩，造成中低档产品过度竞争，经济落后地区的传统行业及产品面临严峻挑战。以棉纺行业为例，20 世纪 80 年代中期，各地大办小棉纺，县办、乡办甚至村办，多则几万锭，少则只有几千锭，设备、技术落后，产品品种单一，档次低，很快超出市场需求。1989 年下半年，纺织行业开始陷入低谷，首当其冲的是落后地区的小棉纺，许多厂是老百姓集资建的，血汗钱化作了一堆废铁。不单是棉纺行业，在经济落后地区经济发展中这种一哄而起、一哄而散的事并不少见。由于产品技术含量低、附加值低、产品趋同、行业趋同、没有特色，因而形不成竞争优势，在国内外市场缺乏竞争力。

#### 2．管理粗放，企业运行质量不高

在经济落后地区的工业经济发展中，管理不善是一个非常突出的问题。经济落后地区许多企业的技术水平和生产的产品与发达地区的企业相比没什么区别，但市场竞争中败北的往往是经济落后地区的企业。胜与败的关键就在管理之中，多数企业亏损的原因是经营管理不善、企业运行质量低下。造成经济落后地区工业企业经营管理不善、运行质量不高的原因是多方面的，从表面上看，经济落后地区缺少的是资金和技术，但更缺少具有现代经营观念的企业家、经营家，这是

造成企业管理粗放和运行质量不高的根本原因。但从本质看，人的因素占据首位。有一个好的法人代表，配一个好班子，往往对一个企业的发展具有决定意义。

### 3．产业结构不合理，行业及企业的置换能力差

一是企业组织结构不合理。经济落后地区工业企业多数规模小，企业间缺少合理的分工、协作和联合，大而全、小而全的低水平重复建设现象严重，造成资源闲置，配置效益下降，工业整体竞争力不足。

二是产品结构不合理，市场拓展艰难。经济落后地区工业中以粗加工行业为主，高附加值的深度加工业不多，产品创新及开发慢，在激烈的市场竞争中经常受价格倒挂、两头冲击，老市场纷纷丢失，新市场又开发不足，生存异常艰难。

三是闲置资产多。经济落后地区工业资本的现状是投入不足与资产大量闲置并存，一方面政府及有关企业争贷款、扩能力、大兴土木热情不减；另一方面相当一批企业能力放空，厂房闲置，职工无事可做。抽样调查结果显示，经济落后地区工业约有20%～30%的资产处于闲置、半闲置之中，隐性闲置、无效运转的更多。四是行业及企业的置换能力差。产品换代、产业升级是经济发展的必然规律，是任何国家和地区工业化进程中不可回避的问题。但产品换代、产业升级涉及市场把握、技术水平、管理素质、职工再就业培训等一系列问题，这些问题的解决需要大量的人力和财力，且存在巨大的风险，经济落后地区的工业企业往往面临着两难困境。

### 4．缺少支柱企业和产业

改革开放后，我国从计划经济向市场经济转变，同时优先发展沿海地区。在这场所谓公平的市场竞争过程中，经济落后地区在与东部沿海及发达地区的竞争与分工中处于不利地位。一方面，如原有工业(如小农机、小造纸、小化肥、小被服、小酿造等)面向农业或资源加工型的企业，由于底子薄，长期不投入、不改造，产品老面孔，对市场变化反应缓慢，在市场经济的冲击下处境艰难，纷纷关门、破产。另一方面，投资新上的一般加工项目由于缺乏周密科学的市场分析和调研，采用的工艺、设备落后，以及受资金短缺、技术力量薄弱、管理混乱等诸多方面

的影响，不但没有创造财富，反而往往成为政府的包袱。正因如此，经济落后地区很难形成对区域经济尤其是对财政具有牵动作用的支柱产业和企业。

### 5．人才缺乏，资金投入不足

经济落后地区缺少工业人才，反映到各个层面，从县的决策层到乡镇、部门领导和企业与一大批农业干部形成鲜明对照，工业干部则相对较少。目前经济落后地区工业干部处于严重的青黄不接，老一代工程技术人员和管理骨干已陆续退出一线，而恢复高考后分配到县的学生逐年减少，尤其是20世纪90年代以来，随着国家大学生分配制度的改革，在生活待遇和工作环境的双重诱导下，外地生源自不用说，即使本地生源也流向了大城市和沿海发达地区。由于多年补充不了技术力量，许多企业的技术水平不是在提高而是在下降，更严重的是受利益驱动和不正确的用人观的影响，现已不多的工业人才还在流失和浪费。与此同时，经济落后地区工业投入状况同样令人担忧，改革开放以来，尤其是金融体制改革后，改变了政府和企业吃银行大锅饭的局面，向商业经营转轨中的银行，发放贷款时首先考虑的是信贷资产的安全性、流动性和效益性。由于经济落后地区现存信贷结构不合理，有的还被银行列为高风险区，这就为新增投入增加了难度。加之现有企业效益状况、银行信誉、基础设施等投资环境方面存在的问题，经济落后地区与发达地区在资金投入上的差距逐渐拉大。投入不足不仅使现有经济结构难以改善，而且直接导致经济落后地区经济发展后劲不足，使之在未来的区域经济竞争中处于更加不利地位。

## （二）生态环境问题

众所周知，我国贫困落后地区主要分布在横断山区、秦巴山区、沂蒙山区、吕梁山区、湘赣闽粤丘陵山区、大别山区、黄土高原区、蒙新干旱地区、青藏高寒地区等地区。[①]这些地区蕴藏着丰富的矿产资源，如陕北的石油、煤炭，秦巴山区的稀有金属，横断山区的有色金属等在全国都占有重要的地位。

矿产开采业是许多贫困落后地区的主导工业。在我国贫困落后地区的矿产资源开发中，存在着非常严重的乱开乱挖、破坏生态环境的现象。因为在我国，农

---

① 王建武．中国土地退化与贫困问题研究[M]．北京：新华出版社，2005：84

村土地的所有权是集体的，而地下的矿产资源的所有权属于国家。这样，即便一地发现了有开发价值的矿产，也只能由国家投资或授权开发。当农民所承包的土地能产出源源不断的财富而农民自己却不能脱贫致富时，由于心理的不平衡而引发的乱采乱挖行为也就成了必然。乱采乱挖必然导致极为严重的资源浪费和生态破坏，但即使是由国家投资或授权开发，由于相关制度的不完善和执行不严格，也会对生态环境造成巨大的破坏。由于矿产一般埋藏在地层深处，对它的开采往往导致土壤和植被的毁灭性破坏，而且，在开采过程中会破坏地壳内部的原有的力学平衡状态而引起地表塌陷，使环境受损。采矿后的矿渣和尾矿的堆积除占用大量的土地外，经雨水淋溶，其中的污染物会随水流污染地下水、地表水和农田，严重影响生产和生活。

在我国，矿产资源的分布极不平衡，加工制造工业比采掘业对生态环境的破坏更具有普遍性和广泛性。加工制造工业是以各种原料为对象利用物理方法或化学方法生产出人们所需要的物质产品过程。在我国的广大经济落后地区，在发展加工制造工业过程中，出于对经济发展的强烈追求，各地的干部群众普遍存在只注重经济效益，忽视环境保护，甚至将两者对立起来的倾向。一方面，大多数相关企业对国家的环境政策和管理制度知之甚少，既不设环境保护机构，也无防治污染设施，大量未经治理的工业污染物任意排放。另一方面，由于资金、技术、人才、制度等方面的原因，所兴办的加工制造工业大多是投资少、见效快的传统工业，工业采用的生产工艺较为原始落后，直到今天还没有摆脱高投入、高消耗、低效益、高污染的粗放型经营。同时，在我国的广大经济落后地区，人们在发展加工制造工业过程中急功近利，往往不顾及地理特点，不顾区域功能，造成了“村村点火，处处冒烟”，布局高度分散的现象，这既不利于实现技术改造和产品更新换代，也不便于共同建设给水、排水等一系列社会基础设施，从而加剧了污染，且使污染难以治理。

在经济落后地区加工制造工业的发展中，有法不依的现象也十分严重。早在20世纪80年代初，我国的环境保护法律法规就明文规定了禁止乡镇企业生产经营汞制品、砷制品、土炼焦、土硫磺、电镀、制革以及造纸制浆等。然而在经济落后地区，却仍然有相当多的企业长期从事这些项目和产品的生产经营活动。迄今为止，我国已制定和颁布了《环境保护法》《海洋环境保护法》《水污染防治法》《大气污染防治法》《固体废物环境污染防治法》和《环境噪声污染防治法》等多部环境保护法律，《森林法》《草原法》《渔业法》《矿产资源法》《土地管理法》《水法》《水土保持法》和《野生动物保护法》等资源管理法律及 20 多项环境与资源保护的行政法规和近百项环境保护部门规章以及 300 多项环境标准。但在经济落后地区，企业不认真执行环境保护法律制度、环境影响评价制度和“三同时”制度的不在少数。国家明确规定用于控制污染的投资应占建设投资的 10%，但各地的环保投资往往低于规定值。因投入资金短缺、排污费征收不足、治理技术滞后，经济落后地区的环境污染的问题日益严重。

在经济落后地区加工制造工业的发展中，污染型企业投资也日益增多。随着发达国家及城市的环境问题日益突出，其公众的环境意识日益提高，一部分原来在国外和城市生产的污染严重的产品和项目逐渐转移到经济落后地区进行生产。国外企业通过合资、技术转让等渠道转移的其本国明令禁止的生产行业及由发达区域转嫁出来的电镀、小化工等高污染行业在当前我国经济落后地区的工业企业中占有相当比重。这些高污染型企业使生态环境遭到了严重破坏。由一个乡镇工业污染一条河，毁坏一座山的现象已经屡见不鲜。

保护生态环境就是保护生产力，优化生态环境就是发展生产力。我国的贫困落后地区面临着脱贫致富的巨大动力与压力，如果我们不采取有效的措施在其工业经济发展的同时保护生态环境，那么环境污染与生态破坏这两类问题不仅已同时存在，而且会越来越严重，脱贫致富将会失去它的自然基础，返回贫困也就成为必然。因此，贫困落后地区在工业经济发展中，必须走出一条能真正实现经济发展和生态环境保护有效整合的可持续发展道路。

## 第三节　发展经济落后地区生态工业的主要措施

经济落后地区在工业经济发展过程中，变革传统工业发展模式，推进工业发展模式的转换，建立生态与经济相协调的生态经济效益型工业发展模式，即生态与经济相协调的、可持续性的生态工业模式，不仅是历史的必然，更是现实的呼唤。

## 一、经济落后地区生态工业的主要模式

生态工业是一种多层次、多结构、多功能的综合工业生产体系，由于产业、区位、经济社会状况等方面的不同，经济落后地区生态工业的发展不可能采取单一的模式，而应有多层次、多路径的选择，一般可以分为如下几方面。

### (一) 污染治理模式

这是目前比较通行的生态工业发展模式，它可以有效遏制工业污染范围的扩大和程度的加深。但是这种模式对污染物只做被动的处理，对污染物长期性的、潜在性的影响估计不足，并且这种模式的成本较高，一定程度上抵消了工业增长带来的经济增长。它也会使企业满足于遵守环境法规而不积极去开发污染少的工艺技术，没有考虑到产品的生态无害性。这种模式仅仅停留在生产过程中，较少进入决策层次，环境因素没能作为区域经济开发、资源配置、政策制定、产业布局的依据。

### (二) 生态企业模式

生态企业模式是整个生态工业系统的基础单元，是在一个企业内按照区域的生态规划要求进行设计、建设和经营管理的低开采、高利用、低排放、多经济产出的现代化工业生态经济有机体。它采用的生产方式是清洁生产，企业管理方式是 ISO14000 环境管理体系，这样可以更有效地利用生产过程中的废料和余热，大大减少企业向周围环境的排污数量，不断提高生态经济综合效益。

### (二) 生态企业园区模式

生态工业园区的特性是网络化、复杂化和生态化。它可以由大型的公司和企业总厂构成，也可以是在一定地域上相对集中的、有一定内在联系的工矿企业组成的松散工业群体及相应的配套设施的有机综合体。生态企业园区最大的特征就是具有明显的集约利用能源的特征。生态工业园区可以更有效地利用生产和消费

中的各种产品，减少环境污染，改善环境质量。

## 二、经济落后地区发展需要注意的问题

生态工业建设是一项关乎整个经济社会发展的系统工程，只依靠某种单一的力量是难以完成的。所以，经济落后地区的生态工业建设在解决工业自身和谐发展的同时，还要考虑各方面的关系，特别是农村经济发展和人民生活水平提高的关系，在一个更加广阔的空间范围内构筑生态工业体系，更有效地促进贫困落后地区生态工业的发展和壮大。

### （一）以人为本

生态工业不是一个独立的生产方式，它必须与经济落后地区群众的利益和传统相互结合，从而赋予新的内涵，这样的生态工业才能在可持续发展的历史进程中最大限度地发挥作用。发展生态工业如果不和群众利益结合是没有意义的。经济落后地区的广大农牧民是我国贫困人口的主体，不解决他们当前的基本生活问题则难以提高其生态环境保护意识，也很难实现真正意义上的生态工业。在生态工业发展的初期阶段，“极化效应”占主导地位，这时经济落后地区的当地政府应有意识地采取各项措施以缩小区域差异，利用循环经济的理念使生态工业的“涓滴效应”扩散开来，引导那些创造能力较强、利润高、“联系效应”较大的主导产业为脱贫致富做贡献。

### （二）城乡统筹

从城乡经济结构看，一是在空间布局上表现为异常的集中，先进的生产力和工业大都集中于少数城市；二是城市经济与地区内部产业的进化脱节，工业的优先增长未能有效牵动乡村、县市的地域性经济发展。正由于城乡经济的空间布局表现为互相脱节，加上地域广袤，使区域之间辐射半径难以衔接成网，农村经济社会的发展受到牵制。因此，经济落后地区要将生态工业发展与农村经济发展相衔接，使生态环境改善与农村经济发展和农民增收相互促进，真正为脱贫致富服务。

### （三）教育宣传

历史证明，每一次大的技术革命都推动了产业结构的重新调整，而每一次产业结构的升级都伴随着结构性失业的产生。由于生态工业的发展会产生一定的就业挤出效应，失业问题会使人们对其产生抵触情绪。经济落后地区的劳动者如果在观念上不接受技术创新成果就等于没有创新。经济落后地区广大群众的观念若不与生态工业相配合，就会对经济发展产生负面的效应。如果出现一方面生态保护设施不断在建设；另一方面生态环境则被不断破坏，且被破坏的速度比建设的速度还快，那么经济落后地区发展生态工业的效果就会式微，无法实现持续发展。

所以，在经济落后地区发展生态工业的过程中，有关政府部门应该加大发展生态工业的宣传力度，引导企业和民众把生态工业理念融入人们的思想和行为中，使支持生态工业成为他们自觉的行动。

## 三、发展清洁生产，构建生态工业

### （一）生态生产工艺

#### 1．改变原料路线

清洁的生产过程要求尽量少用、不用有毒有害的原料和昂贵短缺的原料，采用替代原料来改变高污染的原料路线；并注意尽可能地提高原料的利用率，以避免资源的高消耗和减少有毒有害物质进入生产过程，从而大大减少了污染物的产生和排放。

硫酸是重要的基本化学工业产品。作为生产硫酸的原料有硫铁矿、硫黄及含 $SO_2$ 和 $H_2S$ 的尾气。我国硫酸生产多采用硫铁矿为原料，由于其含硫品位低，硫的烧出率低，使矿耗很高，排出的烧渣量大，难以处理。硫铁矿中砷、氟等有毒物质含量高，使炉气净化系统排出的废水中砷、氟含量也高，增加了废水的治理难度，并且砷和氟还会影响催化剂的使用寿命。若以硫黄为原料制硫酸，不仅生产工艺比较简单，而且“三废”排放量也大大减少。因而国外生产硫酸多以硫黄为原料，即使采用硫铁矿也普遍采用高品位的精矿，不仅减少了运输量，还可回收余热，利用矿渣炼铁和回收其中的有色金属。利用冶炼厂烟气制取硫酸则是回收利用硫资源的最经济的方法，它已在北美洲地区和日本得到了广泛的应用。

乙炔是有机合成工业的重要原料，传统的生产乙炔的方法是电石($CaC_2$)法，这是典型的多废、耗能型旧工艺。电石是由生石灰和焦炭(或无烟煤)在电炉内经2 200℃高温反应制得，需要消耗大量的电能。生成的电石($CaC_2$)经粉碎和筛分，然后再与水反应便制得乙炔。

这一原料路线虽然使用了廉价的原料，却付出了巨大的能量和环境代价。在生产过程中会产生大量粉尘和硫化物、磷化物、氯气污染大气，电石水解也会产生大量碱性废水(pH＞12)和含氢氧化钙的电石渣。每生产 1 t 电石，电石炉要产生 400～500 $m^3$ 废气，生成乙炔要产生 6 $m^3$ 碱性废水和 1.2 t 电石渣，给终端污染治理带来很大的负担：与之相比，以乙烯为原料的工艺路线显示出较好的环境效益和经济效益。裂解法制乙烯的成本只是乙炔的 50%，并且污染较少，耗能较低。很显然，与以乙炔为原料的工艺路线相比，以乙烯为原料的工艺是少废的清洁工艺。因而在许多有机合成领域内，乙炔已逐渐被乙烯所取代。据统计在 1981—1988 年仅日本的电石产量就下降了 30%，而乙烯产量则增加了 27.5%。

产品的原料路线是由许多因素决定的，但是以牺牲环境为代价，或是需要以很高的污染治理费用来弥补的原料路线，则应通过仔细的调查分析和全面的评价、比较，采用替代原料来加以改变。

### 2. 改革生产工艺过程

生产过程大量污染物的产生主要是由于工艺过程的不完善而造成的，不从改革生产工艺着手，单纯进行末端治理就不能从根本上解决污染问题。积极的办法应该是改革旧工艺，积极研究和开发新的生产工艺，采用少废无废工艺。

现以聚乙烯醇、苯胺生产为例来加以说明。

(1) 聚乙烯醇生产。

聚乙烯醇是世界上产量最大的水溶性聚合物，它是由醋酸乙烯酯聚合、醇解而制成的。目前，工业化生产聚乙烯醇有高碱含水醇解法和低碱无水醇解法两种。在高碱含水醇解工艺中，产生的废液含 2%醋酸钠，需增加一道回收醋酸作为合成单体醋酸乙烯酯原料的工序，即消耗了化工原料硫酸，又产生了大量难以处理的硫酸钠废渣。

和高碱含水醇解工艺相比，低碱无水醇解工艺产生的废水量减少 30.6%，废液中醋酸钠含量减少 91.5%，从而省去了回收工序，大大减少了废水和废渣的排放量。同时，该法所得产品致密，从而分散损失少，粉尘量大大减少，60 目以下的微粒仅为高碱法的 10%，减少了对大气的粉尘污染，改善了工人的劳动环境。

在原材料和能量的消耗上，低碱法也比高碱法大大减少。例如醋酸消耗量减少 35.7%，氢氧化钠消耗量减少 85%，循环水用量减少 46.5%，蒸汽用量减少 36.5%，冷盐水用量减少 86.4%。产品质量也有一定的提高。

可见，低碱无水醇解工艺和高碱法相比，是低消耗、少污染的清洁工艺。

(2) 苯胺的生产。

苯胺是一种重要的有机合成中间体，广泛地用于树脂、染料、橡胶制品的生产，旧的生产工艺如图 5-1 所示。

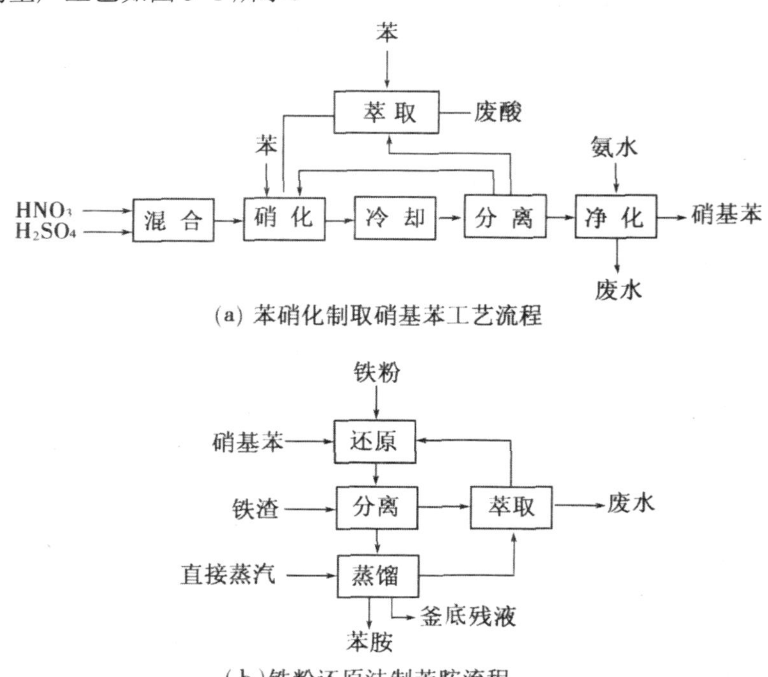


(a) 苯硝化制取硝基苯工艺流程

(b) 铁粉还原法制苯胺流程

图 5-1　苯胺生产旧工艺流程

该工艺可分为两步，第一步的流程如图 5-1(a)所示，它是以苯为原料，用混合酸硝化制取硝基苯，然后将酸与硝基苯分离，产生的废酸用苯萃取其中的硝基苯，返回硝化系统；分离出来的硝基苯用氨水进行净化，除去其中溶解的酸和硝化时生成的少量硝基酚，在该步骤中要排放出大量的废水和废酸(每生产 1 t 硝基苯产生 0.9～1.0 t 废酸)，废水中含难降解的硝基苯。第二步是用铁粉将硝基苯还原制成苯胺，如图 5-1(b)所示。在该步骤中也有大量废水和废渣排出，平均每生产 1 t 苯胺排出 4 t 废水和 2.5 t 废渣(氧化铁渣)。

新的生产工艺在原料和流程上都进行了改革，其工艺过程如图 5-2 所示。由图可知，新的工艺流程基本上是闭合的，只有很少的废液(釜底残液和反应中生成的水)排出，每吨产品只排出废水 0.19 t。废水中除苯胺外不含其他污染物，经抽提后可直接进行生化处理。该工艺流程和装置简单，设备投资仅为硝基苯还原装置的 25%，生产成本可降低 10%～15%，质量也有明显提高。

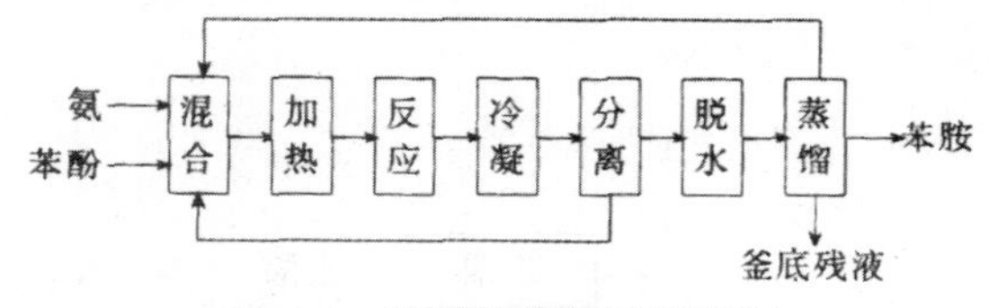


图 5-2　苯胺生产新工艺流程

## (二) 开发清洁能源

随着世界人口的增加和经济的发展，对能源的需求日益增加，据预测到 2020 年全世界的能源消耗量将比目前增长一倍。如果这种能量的需要完全通过增加矿物燃料的消耗来满足，这涉及有限的矿物燃料难以维持的问题，而且会使环境污染问题更加严重。因此寻求和开发新的清洁能源，如核能、太阳能、风能、地热能、燃料电池等作为常规能源的替代和补充，也是改善环境的重要措施。

### 1．核电

核电是一种可靠而安全的能源，设计良好的核电站可保证在任何情况下都不会有放射性物质泄漏到电站的外部。核电也是一种清洁能源，不排放 $CO_2$、$SO_2$、烟尘等气态污染物。由于核能的利用，从 1973 年到 1990 年的 17 年间，全球的

$SO_2$排放量减少了1.09亿t，$CO_2$的排放量减少了134亿t。仅美国在过去的20年内就少排放了16亿t $CO_2$和6 500万t $SO_2$。法国对核电的开发一直作为一项重要的国策在推行，至1994年9月法国的核发电量已占本国总发电量的78%，因而成为世界上人均$CO_2$排放量最少的国家。至今已有30个国家发展核电，正在运行的核电站已达437座，核电占全世界发电量的23%。

近几年来，我国的核电事业也得到迅速的发展。浙江秦山核电站30万千瓦机组已于1991年12月15日并网发电，2×60万千瓦的两套机组也正在建设中。广州大亚湾核电站2×90万千瓦的两套机组(从法国引进)也于1994年2月和5月先后投入运行，2×90万千瓦的广东第二核电站和2×100万千瓦的辽宁核电站也已立项。预计到2010年，我国核电装机容量将达到2 000万千瓦，这必将对我国大气质量的改善起到重要的作用。

#### 2．太阳能

太阳能是一种取之不尽，用之不竭的能源，据估算，地球上每年接收的太阳能相当于地球上每年燃烧的固体、气体、液体燃料的3 000倍。但是由于太阳能利用设备投资大，太阳能收集装置还存在着效率低，能量贮存困难、能量的获取受气候的影响比较大等缺点，因而太阳能的开发和利用目前还处于小规模的应用阶段。

太阳灶、太阳能热水器、太阳房和太阳能温室是目前最广泛使用的利用太阳能的装置，发展前景十分可观，技术上也较为成熟。

太阳能电池已广泛应用于各类航天器上，并开始转向地面应用。太阳能电池供电的航标灯、电视转播、气象台站和各种信号照明、广告等应用范围正在日益扩大，新型廉价的太阳能电池也在研制之中。如砷化镓太阳能电池转化效率已达15.8%，可望以此为基础建立大型太阳能电站。

在太阳能发电方面，已建成几个小型装置，例如在美国的加利福尼亚亨廷登海滨建成一个接收面积为90m$^2$的太阳能发电装置，利用太阳能把水加热产生蒸汽，驱动涡轮机发电，晴天可发电25 kW。

### 3．风能

利用风力发电在 21 世纪前半期已进入实用阶段，作为一种清洁的可再生能源，近年来更由于公众对环境的关注而得到进一步的推动。近代的风力发电技术主要是向大型化方向发展。20 世纪 90 年代以来，单机额定容量已达到 500～750 kW，美国所研制的 Mod-5 大型风机，叶片直径为 91.5 m，额定功率为 2.5 MW，已试运转多年。欧共体研制的具有商业竞争能力的 1 MW 风力发电机组的各项技术方案试验也于 1995 年开始。

近代的风力发电在我国起步较晚，早期主要是小型风力发电，如在内蒙古草原广泛推广的百瓦级小型风力发电机。“八五”计划以来，我国也转向大中型风力发电机的研制，并在国际合作和引进国外机组的条件下建立起一批风力发电场，取得了越来越明显的经济效益和环境效益。但是，风能不稳定，风能量的储存问题不好解决，这是风力发电的缺点。

### 4．地热能

地热是一种极其丰富的清洁能源，在我国已探明的地热能储量就约相当于 4 600 多亿吨标准煤，而目前已利用的尚不到十万分之一。当前世界上开发地热主要用于生活用水、取暖和发电。美国地热站装机容量已达 39.6 万千瓦，我国西藏拉萨附近的羊八井地热电站现已装机 2.5 万千瓦，发电量占拉萨电网的 50%。

随着技术的发展和环境保护的需要，地热作为一种替代能源必将得到进一步发展。目前，从地下数千米处获取地热能的技术已经问世。例如，在加勒比海圣卢西亚岛上已成功钻出一口 1 500 m 深的生产井。可获取 300℃过热水-汽混合物，生产潜力约 10 MW。

### 5．生物质能

生物质能是指贮存于生物质中的能，又称生物燃料。它是绿色植物通过光合作用将太阳能转化为化学能而储存在植物体中，再通过微生物类群的代谢作用、直接燃烧、热分解等不同途径，将这种潜能转化为可直接利用的能。由于只要有太阳光和植物光合作用，产物就可以不断产生，因此生物质能是世界上最广泛的一种可再生能源，据科学家估算，地球上每年经光合作用生成的生物质能总量约为144 000～180 000 Mt，大约等于目前能源消耗总量的10倍。

生物质能包括各种农作物秸秆、薪柴、水生植物、有机肥、生物垃圾和沼气等。我国是农业大国，每年产出大量生物质，其中可供利用的废弃纤维物5亿～6亿t，相当于2亿t标准煤；林产加工废料3 000万t，还有废甘蔗渣1 000万t。目前多采用直接燃烧法加以利用，约占农村总能源消费的70%，但直接燃烧热能利用率只有10%左右，如将其气化成气体燃料后再利用，热效率可提高到30%以上。开发利用已占全国总能耗的一半以上。

### （三）调整产品结构

按照清洁生产的概念，工业污染不仅发生在产品的生产过程中，有时更严重的是出现在产品的使用和消费过程中，如低效率工业锅炉、高排放的汽车、塑料制品大量使用所造成的“白色污染”和氟氯化碳类产品的使用所造成的臭氧层破坏都是较为典型的例子。因此，产品的设计和生产不但应遵循经济原则，还要顾及生态效益。要对产品的整个生产周期进行环境影响分析。就是说对于一种产品从设计、生产、流通、消费乃至报废后的处理几个阶段都要进行环境影响分析。对于那些在生产过程中物耗能耗高、污染严重的产品，对于那些使用报废后会破坏生态环境的产品，都要尽快调整和停产。同时应大力提倡生产物耗能耗低，对生态环境无害或损害极小，并利于资源的再生和回收的产品，通常把它们称之为清洁产品、绿色产品或无公害产品，下面举几个例子来加以说明。

#### 1．可降解塑料

可降解塑料是指能在较短时间内在自然界的条件下能自行分解的塑料品种，它可以分为光降解、生物降解和光-生物降解三类。

光降解塑料在太阳的紫外光线作用下由于其氧化作用而导致高分子链断裂，最后再由细菌分解，最终形成无害的二氧化碳和水。

生物降解塑料是指在一定条件下能在微生物酶的作用下被分解的高分子聚合物，这类塑料可由土壤中的微生物进行降解，最终变为二氧化碳。

光-生物降解塑料是利用光降解和生物降解相结合的方法，主要采用光降解母料和生物降解母料配合制成光-生物降解母料而使用。这种可降解塑料的时间可控技术好，是当前研究开发的重点。

可降解塑料的产生和使用对减轻塑料废物对环境的污染起了重要的作用，它必将会逐步取代现有的某些塑料品种而获得广泛应用。

2．环保汽车

汽车是人类最重要的交通工具之一，但汽车的大量使用所造成的环境污染也是显而易见的。因此，兼顾安全和环保的环保汽车则应运而生，它有以下几方面的特点：

(1) 采用铝玻璃纤维、碳纤维或钛镁等贵重金属材料取代高张力钢板做车身底盘，以提高单位功率所负载的质量。

(2) 注意材料的回收利用。新的环保汽车在报废以后，旧车上所拆卸的零件大多数可重返车厂或废料处理中心分类处理后再重新使用。美国宝马公司目前所生产的汽车总质量的 80%已可重新利用，德国大众公司也已在全国建立了好几个回收利用中心。

(3) 开发使用新能源的车辆以达到无污染排放的目的。减少车辆对汽油的依赖性涉及减少使用有限的石油燃料和控制环境污染问题。因此，开发取代汽油的新能源及使用新能源的车辆已引起人们的日益重视。这就要求人们对汽车的动力源技术进行重大改革，其中一个有效途径就是开发以电池或燃料电池为动力的电动汽车。

电动汽车的心脏是电源，铅酸电池目前仍是电动车辆的主要电源，由于电池容量有限，在轿车和大型车辆上的使用受到一定的限制。镍镉电池是比较成熟的电池。具有很高的功率密度，工作寿命长，但成本较高，其他类型的电池也存在同样的问题。如燃料电池车辆虽已达到实用阶段，但由于价格昂贵，成为推广的一大障碍。

电动汽车具有完全无公害、能量效率高、控制性好、耐久性及可靠性好，作为一种无公害产品，预计将会有乐观的发展前景。

### 3．绿色电脑

计算机应用的迅速发展带动了世界技术革命，推动了人类从工业社会进入信息社会。但是计算机在使用中要消耗巨大的能源，在美国，计算机的用电量已占全部商业用电的5%。另外，对日益增多的废弃电脑的处理也成了亟待解决的环境问题。在美国，每年就有100多万台电脑被淘汰。

鉴于上述情况，美国环保局在1992年提出了“能源之星”计划，要求现在生产的微机尽量降低功耗，并使每台主机或显示屏在不用时能进入“休眠”状态，使功耗降到30W以下。如果美国全部微机都按此要求进行“绿化”，节省下来的电力至少可少建5座火电厂，全国也可减少10亿美元的电费支出，节省能源的同时也相当于大大减少了 $CO_2$、$SO_2$ 等污染物的排放。如果能在全球范围内实现这一计划，给全球环境保护所带来的好处是不可估量的。

绿色电脑的另一个要求是尽量减少对环境的直接污染。在电脑生产过程中，要使用一些有害的化学制剂，运输过程中的包装材料，显示器产生的射线，机械打印机产生的噪声等都会造成污染，这些都有待改进。

绿色电脑的设计者们正致力于精简电脑的部件并使之能够被拆卸和回收，以提高它们的利用价值。例如西门子 Nixdor 公司 1993 年推出的绿色电脑 PC41 由29个零部件组成，仅有2根电缆，而1987年出产的PCD-2则由87个零部件、13根电缆组成。

### 4．绿色食品

绿色食品是指从生产、收获到加工贮存的全过程无污染、有营养、高质量的食品。也称“无公害食品”“无污染食品”等。绿色食品的开发与生态农业建设息息相关，没有一个良好的农业生态环境，就不能生产出人们日益需求的绿色食品。这就要求人们在农业生产过程中尽量多用有机肥料，少用和不用化肥，禁用化学农药，采用生物防治的办法来消除病虫害的影响。

在绿色食品的加工过程中，要对产品进行全过程控制，提高资源和能源的利用率，采用新工艺和清洁生产技术，如尽量少用或不用各类添加剂或防腐剂等化学品，把污染消除在生产过程中，而且产品还不会对环境造成潜在的危害。

# 第六章　经济落后地区生态林业建设

森林建设是广大经济落后地区生态环境建设的重要载体，在生态环境建设中具有不可替代的作用，同时它也是改善生产条件、实现经济可持续发展和改善人民生活水平的重要保证。它肩负着优化生态环境和经济发展的双重任务。重视和加强经济落后地区的林业建设研究，促进经济落后地区的林业健康发展，具有非常重大的现实意义。长期以来，我国广大经济落后地区实行的是传统林业，以木材生产利用为中心，只重视经济效益，不重视生态效益，导致盲目经营、掠夺式开发，结果造成水土流失、土地沙漠化、耕地面积减少、地力下降、森林资源短缺、环境污染等一系列严重后果。在强大的生态、经济双重需求的压力下，传统林业已不能适应经济社会发展的要求，发展生态林业是目前经济落后地区人们实现林业可持续发展的最佳选择。

## 第一节　生态林业建设功能分析

森林是以乔木为主体，包括灌木、草被、菌类等在内的生物群体，与非生物界的地质、地貌、土壤、气象、水文等因素构成一体的生物地理群落。它具有提供木材、保持水土、涵养水源、保护野生动植物、防风固沙、美化环境、杀菌除尘等重要作用。林业是以森林产品的培育、开发、保护、加工为核心的各种产业的总称。森林生态系统具有生态功能、经济功能和社会功能。而森林的生态功能位于三大功能之首，是生态环境建设的主要依据，在生态环境建设中发挥着重要的作用。

### 一、发展生态林业的生态功能

森林的生长和分布既受生态环境的影响，又多方面作用于生态环境，它吸收二氧化碳、放出氧气，维持植物生长，并改变环境的能源能汇，影响环境温度、水分和局地气流。森林系统不仅对于区域生态环境的作用十分显著，而且直接关系着区域的社会经济发展和人民大众的经济利益。

### （一）涵养水源，保持水土

发展生态林业可以显著减少洪涝灾害，增加降水的利用效率。森林有良好的蓄水功能，庞大的林木、茂密的林冠和发达的根系，能够起到良好的调节降水的作用。它可使雨水缓缓进入土壤，减少地表径流，减少对地表的侵蚀。据测定，每平方公里的森林可以涵蓄降水约 1 000 立方米，1 万平方公里森林的蓄水量即相当于 1 000 万立方米库容的水库。所以森林被誉为“绿色的海洋”“看不见的绿色水库”。森林还可以使集水区的径流较缓地进入溪流，在暴雨情况下可以延缓洪峰，减少洪水量；在枯水季节，可以使河流保持一定的流量。因而森林调节了流域的水量平衡，增加了降水的有效利用率。

### （二）防风固沙，遏制土壤沙化和荒漠化

一条疏透结构合理的林带，迎风面防风范围可达林带高度的 3～5 倍，在防风范围内，可使风速减低 20%～50%，如果林带和林网配置合理，就可以把灾害性的风变为无害的小风、微风。乔灌木根系可以固着土壤的颗粒，或者把被固定的沙土经过生物作用改良成具有一定肥力的土壤。落叶可以增加土壤有机质，从而改善土壤水分和养分的供应能力，改善土壤结构，增进土壤肥力，最终有效遏制土地的荒漠化。

### （三）有利于减少水分蒸发量，调节地方气候

树木的树冠可减少太阳对地面的辐射，树木的冠层在日间可吸收 35%～75% 的太阳辐射，20%～25%被反射，森林地面一般比裸地辐射热低 4～15 倍。辐射的减少使地表温度明显降低，有利于降低春夏季蒸发量。研究表明，春夏两季的月蒸发量，有林区比无林区明显减少，尤其是在林木生长旺盛的 6～8 月，平均月蒸发量减少 10%～20%。因此，林木植被在夏季能使气温降低，冬季则可使气温略有升高，通过调节辐射平衡和水热平衡，林区或森林附近地段的日温差小，可以有效减弱高温和霜冻等自然灾害。

### （四）影响降水，增加空气湿度

森林可增加水平降水(即雾、霜、露、雨凇、雪凇等)。农民常说的“林木无雨打湿鞋”，就是这个道理。对德国巴伐利亚州的研究表明，森林边缘从云雾中截留的云滴、雾滴水量达年降水量的5%，林内为20%；苏联的研究表明，这种水平降水平均占年降水量的13%左右。这说明，森林可在区域内增加空气湿度，增强水平降水，增加农作物的实际供水。

### （五）净化空气，限制污染物扩散

林木在进行气体交换时，还能吸收一定数量的污染物质，如二氧化硫、氟化氢、氯气、氧化氮、一氧化碳、多种碳氢化合物以及重金属粉尘等，同时，还可以吸滞烟尘及放射性物质，除去污染物质或降低它们的浓度，限制污染物的扩散，起到净化空气的作用。据测定，1公顷森林每年可吸收二氧化硫计748 t，1公顷松林每年可滞尘36.4 t，1公顷云杉林吸滞尘320 t。黄连木、樟树、桉树、臭椿、侧柏、圆柏、马尾松、水杉等还能分泌出杀菌素，能杀死细菌、真菌与原生动物。

## 二、发展生态林业的经济功能

林业生态建设可以为人们提供林产品、林副产品、苗木以及林间作物。据报道，甘肃省合水县农民利用地埂种植经济林果及蔬菜，在林下套种中药材、牧草等实行立体开发，使昔日不起眼的地埂变成群众致富的“金腰带”，成为当地农民家庭收入的重要部分，不但使全县的土地得到有效利用，而且还大大改善了农区的生态环境，拓展了林业的发展空间。经济效益的增加使农户从经营农区林业尝到了甜头，形成“参与—得益—再参与—再得益”的良性循环机制，从而使林业活动实现再生产的连续性，最终达到了森林资源存量和经济效益双增加的目的。安徽怀远县兰桥乡把植树造林当作一项产业，走绿化增收之路。近年来群众从植树造林中尝到了甜头，植树造林积极性不断提高，他们边砍伐成林边栽幼林，不断扩大植树面积。近七年来，兰桥乡群众靠出售成材树木每年增收20万元，同时，全乡现存树木总数却比20世纪增加了5万多棵。

## 三、发展生态林业的社会功能

林业生态建设不但能改善生态环境，增加直接经济收入，还能为人们提供燃料、饲料、肥料等物质产品，并且增加就业机会。首先，树木可以为人们提供薪材，据测算，一株8～10年生的泡桐，其树枝可以提供薪材220 kg，可供5口之家一个月的生活用薪量；6年生的毛白杨林带(株距2米，两行)，每公里可修枝2 500kg，可供5口之家一年的生活用薪量。其次，林木中的许多树叶还是畜牧的好饲料，例如泡桐、刺槐、榆树等鲜叶粗蛋白含量为160g/kg，粗脂肪26g/kg，特别是泡桐其落叶的粗蛋白含量高达每163g/kg，粗脂肪每公斤103g/kg。另外，农区林木每年有大量的枯枝落叶可供压制绿肥，一株箭杆杨，平均每年可产干树叶6 kg。据测算，50 kg杨树的干树叶含氮量为1.43 kg，如按尿素含氮量为45%概算，100 kg干树叶相当于6 kg尿素的含氮量，树叶中还含有丰富的钾肥和一定量的磷肥。利用树叶还田，增加了土壤肥力，支持了农业生产。林业生态建设还有助于农户粮食安全的改善。东梅、钟甫宁和王广金以宁夏回族自治区为例，对退耕还林与经济落后地区粮食安全的关系进行了实证分析得出结论，退耕户和未退耕户的粮食安全水平均比以前提高了，而退耕户提高的程度比未退耕户明显。总之，经济落后地区林业生态建设具有强大的社会效益。

林业生态建设的生态功能、经济功能以及社会功能三者之间是相互依赖、相互影响、不可分割的整体。林业生态建设生态功能发挥的前提是增加森林资源的存量，少量的、或者是不完备的森林生态系统难以正常地发挥生态功能，但是森林资源的增加必须要得到人们积极而有效的支持才能实现。经济落后地区人们的生存现状决定了他们难以直接认同于林业生态建设生态功能，只有通过经济功能和社会功能的驱动，寓生态效益于社区居民追求经济和社会效益的活动之中，才能扩大森林资源，达到预期的生态目标。经济功能的发挥是激发人们参与林业生态建设的必要手段和途径，但是经济功能的发挥必须以生态功能为前提，不能片面地追求经济效益，而使森林资源得到破坏。贫困与生态环境的破坏之间存在着相当大的正相关性，为了生存，贫困人口会使用各种手段来开发自然资源，如果林业生态建设不能缓解贫困、增加农户的收入和就业水平，它将面临严峻的挑战，生态功能和经济功能在长远来说都将难以真正实现。

## 第二节 经济落后地区发展生态林业的意义与面临的问题

### 一、经济落后地区发展生态林业的意义

以发挥生态效益为主，兼顾经济和社会效益的林业生态建设，对于经济落后地区乃至全国的生态环境改善都发挥着重要的作用，尤其是在全面落实科学发展观、努力建设和谐社会的背景下，经济落后地区发展生态林业更是具有独特而重要的意义。

#### （一）改变经济落后地区林业生产落后面貌

与发达国家和地区的林业相比，我国经济落后地区的林业发展有非常大的差距，要改变林业发展的落后局面，应采取一种新的发展模式，从根本上抛弃边破坏边治理的落后模式，真正实现以木材生产为主向以生态建设为主的历史性转变，使经济落后地区的林业生产既能满足脱贫致富的需要，又能促进生态环境的保护与优化，实现林业的可持续发展。

#### （二）为经济落后地区的农业发展创造良好的生产环境

通过发展生态林业，建设体系完备的林业生态系统，可以改善农业生产的气候、水分、土壤等自然环境，为农区营造出适宜的生产环境。通过建设农林复合生态经济体系，还可以合理开发和利用土地资源，提高单位面积的经济效益，并能促进生态、经济和社会效益协调良性循环。

#### （三）保护经济落后地区生态环境，打造生态屏障

发展生态林业可以遏制经济落后地区的水土流失、荒漠化以及土壤盐渍化等

生态破坏问题，改善经济落后地区的土地生态环境，从而创造良好的投资环境，加快经济落后地区现代化建设。同时，通过经济落后地区生态林业建设，为发达地区及全国构筑强有力的生态屏障，可以减轻贫困生态环境恶化对发达地区产生的压力，从总体上保护和优化全国的生态环境，节省环境支出，创造生态收益。

### （四）改善经济落后地区居民的生活环境，提高农民收入

脆弱恶劣的生态环境，给经济落后地区居民的生活造成了巨大的影响，提高了当地居民的生存成本。通过林业生态建设提高环境质量，减少生活中因为环境恶化而造成的不必要支出，从而间接地提高人们的生活水平。此外，发展生态林业有利于优化土地利用结构，促进农业增产、农民增收和农村经济繁荣发展，推动扶贫事业，增加就业机会，加快经济落后地区的现代化进程。

### （五）实现经济落后地区经济社会可持续发展

众所周知，林业区别于其他行业的最大特点是同时兼有经济效益、生态效益和社会效益。可持续发展的前提是人与自然的协调，人与自然的协调关键是人地的协调，森林在缓解人地矛盾中占有特别重要的地位，森林是既能改善生态环境，又能提供人们物质生活的重要产品。随者经济落后地区生态林业的蓬勃发展，其生态支撑功能大大加强，经济效益和社会效益不断凸显，资源、环境得到永续利用，有利于推动经济社会的可持续发展。

## 二、经济落后地区生态林业发展中存在的主要问题

多年来，特别是20世纪90年代以来，我国为保护和优化生态环境，大大加强了林业生态建设，并已取得了可喜的成就，如“三北”(华北、西北、东北)地区、太行山、长江中上游等防护林体系建设取得了长足进展，对生态环境保护起到了巨大的作用。虽然我国的林业生态建设取得了巨大的成就，但经济落后地区生态环境的形势依然严峻，生态恶化的趋势并没有得到根本的扭转，现在推行的生态林业建设工程过程中，还存在着许多问题与障碍，需要我们认真思考和严肃对待与解决。

### （一）对生态林业的重要性认识不足

由于对生态林业的重要性缺乏科学的认识，对工程建设的长期性、艰巨性缺乏思想准备，没有使广大干部群众深刻认识到生态林业工程的重要意义，因而造成工程建设并没有真正纳入各级政府的国民经济发展和社会发展计划，建设工作不扎实、进度不快，法律保障难落实，缺乏有力的扶持政策和措施，未形成全社会的共同行动，毁林事件时有发生。

### （二）林木积蓄量低，林分质量差

在经济落后地区现有的林地中，除青藏高原南部部分地区成熟林比例较高外，其他地区一般幼林、成长林占70%以上，成熟林不足30%。从林分质量看，除国有林场和部分乡村集体林场林相较好外，多数地区林分质量较差，林种树种结构不合理，混交林、复层林少，可利用蓄积不多，缺口断带严重，应建林网的地方未建，河沟渠道未植树或缺树断档，公路、铁路干线没有绿化，有的树木老化，更新不及时，病虫害严重，生态稳定性差，效能不能有效发挥，严重影响了生态环境的保护和优化。

### （三）建设资金投入不足，使用不合理

我国是世界上林业投资最少的国家之一。从1950年到1998年，林业基本建设营林投资年均仅为3亿元。而日本仅1998年这一年，林业投资就高达9 600亿日元，约合人民币740亿元。虽然近年来国家对林业的投入已大幅度增加，但目前我国林业生态建设任务重、规模大、范围广，资金投入问题仍然严重不足，缺口巨大。尤其是经济落后地区，由于经济欠发达、地方财政十分困难，地方政府和当地群众难以有大量的资金投入生态林业建设。随着生态林业建设不断推进，造林难度不断增加，造林成本不断提高，资金缺口将越来越大。此外，在林业生态建设资金使用上，主要集中于造林和种苗费用，而投向后续管护的资金很少，这种资金使用的安排不利于生态林业的持续发展。

### （三）林业科技滞后，林产品附加值低

新中国成立以来，我国林业科技取得了巨大的进展，据不完全统计，改革开

放以来，全国林业科技作者共取得了 5 000 多项比较重大的林业科技成果，但是如果从科技应当担负的使命这样的高度来审视，我国科技对林业发展的带动作用明显不足，主要表现在林业科研与生产实践脱节相当严重，如重点森林病虫害防治、营林机械化、林产品的高效综合利用等关键技术难题，一直没有得到有效突破。同时能应用到实际生产的科技成果转化率也不高，不足 30%。科技对林业发展的带动不足的直接后果是林业产品科技含量较低。目前，经济落后地区的林业．产业主要以木材粗加工、木制工艺和特色林果为主，特别是木制工艺行业，属劳动密集型产业，加上企业的品牌意识和知识产权意识不强，经常出现产品被仿冒及压价竞争等现象，严重影响部分地区林业的可持续发展。

### （五）边建设边破坏现象比较严重

如前所述，在社会经济发展的不同阶段，人们对生态效益与经济效益的评价值是不同的。一般来说，在经济发展水平较低的阶段，人们对生态效益的评价值比较低，而对经济效益的评价值却比较高，这就会产生以牺牲生态效益来换取经济效益的行为。在发达地区已将森林视为重要的生态资源和社会资源的同时，一些经济落后地区仍以牺牲森林资源来换取粮食增产、经济增长，对森林资源的经济依赖度仍然相当高，并造成林地大量流失。据全国农业区划办公室对黑龙江、内蒙古、甘肃、新疆 4 省区的遥感调查，1986—1996 年开垦耕地达 194.13 万公顷。著名的塔里木河维系着塔克拉玛干沙漠北缘生态经济的命脉，近百年来，上游不断增加水源开采，导致其末端的 270 公里河道断流，两岸 45.3 万公顷胡杨林中近 35.3 万公顷枯死。[①]

### （六）体制机制不合理

生态林业的发展需要社会各界广泛参与，共同致力于减少毁林压力、稳定生态环境，以促进林业与经济社会的协调发展。但是，在经济落后地区还存在着严重的“部门林业”思想，发展林业只依靠政府部门的力量，生态林业建设中所需要的各类资源完全由政府部门掌握和筹集，忽视了农民的积极性。把生

---

① 江泽慧．全面建设小康社会与生态建设绿色中国[J]．2004(2)：14．

态林业建设的真正主体农民仅视为计划指标的接受者，只是帮助政府完成绿化任务，其直接后果是导致营林效果低下。退耕还林工程作为一项迄今为止涉及面最广、私人部门参与程度最深的生态建设系统工程，从政策的出台到实践都是由林业部门一家包办，这一工程的可持续进行遇到了不少困难，在长期内会影响目标的实现。

经济落后地区的这种政府主导的计划经济发展思路运行成本很高，而监督的有效性却很低。如何设计一套行之有效的经济落后地区生态林业建设激励机制，以真正调动广大农民育林造林的积极性，从根本上解决经济落后地区林业面临的问题，推动经济落后地区生态林业建设的健康发展，已经成为当务之急。

## 第三节　经济落后地区发展生态林业的策略

### 一、生态林建设与可持续发展

#### （一）我国林业的发展历程

我国的生态林业发展经历了三个发展时期，第一个阶段是林业的初期发展阶段，(1949—1978)，即传统林业发展阶段。这是为国家工业化提供积累，大量采伐原始林的过程。第二阶段是林业发展的探索阶段(1978—1992)，这一时期的核心活动是在集体林区和其它非国有林区进行“林业三定”：稳定山权、林权，划定自留山，确定林业生产责任制。但由于对改革的目标认识不足，林业改革的进展，远远落后于其它部门，迄今未走出一条可行之路。第三阶段始于 1992 年，受世界环境大会和国际林业转轨的发展态势以及我国环境恶化的现状的影响，我国的林业迈向新的发展之路，但这一过程非常漫长。特别是我国地区经济发展不平衡，林区分布不均匀。一般说林区多在山区，而这些地区也是经济上最贫困的地区。因此，基于经济的诱惑，各地破坏性掠夺式采伐利用仍时常发生。这一时期林业的发展必须落实到林业的科学经营上。这也就提出了兼顾生态效益和经济效益相结合的可持续发展的林业经营模式。

## （二）生态林的生态、经济效益综合评价

### 1．林业的生态效益的重要性

林业的生态效益是指林业的发展所带来的生态方面的正面影响。森林兼具有经济效益、社会效益与生态效益等三种效益。在这三种效益中，经济效益往往最先受到关注，但我们可以看到，在目前的情况下，生态价值得到了越来越多的关注。而林业的生态效益和经济效益有着密切的联系，林业的生态效益可以创造经济效益。生态效益实质上有巨大的经济价值，林业的生态价值和经济价值有时是一致的。

### 2．林业的生态效益与经济效益的关系

林业的经济效益和生态效益二者之间具有互相依存、互相矛盾、互相影响、互相作用的关系。在忽视生态环境而过度追求经济增长时期，尽管当期的经济增长速度相当快，但后期的经济发展却受到了生态环境被严重破坏而增长环境恶化的巨大报复，使得经济发展停滞不前或萎缩。在既重视经济效益又注重生态效益的时期，不仅当期的经济快速发展，而且后期的经济增长也能保持着良好的增长势头。当然，我们应注意，对经济效益和生态效益的注重，并非消极的注重，而是积极的注重。如果采取消极的注重，即单纯注重生态环境而放弃必要的经济增长，那么，终究会因没有必要的经济增长而导致经济效益滑坡，缺乏强有力的经济实力支撑会使得生态环境保护失去现实意义或物质基础。

## （三）林业可持续发展的目标

林业可持续发展的目标，是由一个个具体的区域对林业发展的需求所决定的。一般说来，应当从森林所发挥的作用方面来考虑。而森林的作用受制于特定区域的社会意义和国民经济意义，就其作用来划分，主要体现在社会、经济与生态环境 3 个方面。

### 1．林业可持续发展的社会目标。

林业可持续发展的社会目标，强调满足人类基本需要和较高层次的社会文化要求，持续不断地提供林产品以满足社会需要，这是持续林业的一个主要目标。

作为社会经济大系统的林业产业，担负着为社会发展提供生活资料(燃料、食品等)与生产资料(原材料)的双重任务。随着全球范围内不可再生资源的不断消耗，森林作为主要的可再生资源，其满足人类社会物质需求的作用是绝对不会消失的。人类对森林的社会、文化需求的不断扩大，是社会经济发展的总趋势。满足人对森林的多种需要和愿望，是林业的根本任务。

**2．林业可持续发展的经济目标**

林业可持续发展的经济目标，主要关注于林业生产者的长期利益。这里必须明确的是林业经济可持续性的主体是林业生产经营者。当前就经济利益的实现方式考察，主要还是通过为社会提供物质产品的形式，实现自身的利益，其中起主导作用的是林产品产量的持续产出。而林产品的产出，除了取决于林业生产力水平外，同时还受到自然生态环境的制约，更受制于非林业部门的影响。林业经营者经营的森林生态系统所提供的环境产品，具有经济利益的外部特征，必然造成林业利益难以在市场条件下完全实现。面对这种情况，林业可持续发展的经济目标，必须有其他实现途径。最可行的方式，一是实行生态补偿；二是国家扶持。因此，林业持续发展的必要条件之一，必须保障林业生产者的经济可持续性。

**3．林业可持续发展的生态环境目标**

林业可持续发展的生态环境目标，关注的是森林生态系统的完整和稳定。通过退化生态系统的重建与已有森林生态系统的合理经营，保障森林 生态系统在维护全球、国家、区域等不同层次上所发挥的环境服务功能的持续性。其中关键是无退化地使用林地和保护生物多样性，保持森林生态系统的生产力和可再生产能力以及长期健康。林业可持续发展的生态环境目标，不仅是保障林业自身社会经济可持续的基础，更重要的意义还在于持续发挥森林生态系统在维护全球生命支持系统中的重要性与不可替代性。

### （四）生态林建设的主要模式

**1．林农结合式**

应用和推广国内外先进技术和成果，采用科学的生产、管理方法，以林为主，林农结合，多种经营，逐步建成具有经济、生态和社会效益的林业发展模式。大力推广生态价值和经济价值兼备的生态经济兼作。如实行林草间作、林药间作、乔灌混交等种植模式，最终使退耕还林成为调整农村产业结构，增加收入的良机，同时实现了生态和经济效益的综合效果。

### 2．造林规模化

从提高生态效应、景观效果、经济效益出发，成片造林力度明显加大。片林建设以发展苗木基地、经济果林、速生丰产林等经济型林地为主。

### 3．多样化造林

采用多样化的以林养林方式，有的以发展苗木养林，有的以发展林木加工养林，有的以发展经济果林养林。农民还采取林苗结合、林禽结合、林菜结合、林果结合等方式，提高林地产出和经济收益。

《森林法》的立法目的就体现了可持续发展的思想，其宗旨是：保护、培育和合理利用森林资源，加快国土绿化，发挥森林储水保土、调节气候、改善环境和提供林产品。在这一立法宗旨中，充分体现了可持续发展的思想和目的。运用法律体系保护林业的可持续发展，是林业可持续发展的有效保证。

## 二、促进经济落后地区生态林业建的策略

生态林业建设是一项复杂的系统工程，涉及各部门、各地区的各种利益关系。必须从全局出发，宏观与微观相结合，政策与措施相配套，科研与生产相协调，在各级政府和社会各界的共同努力下，扎实细致地做好各项工作。

### （一）深入动员，广泛宣传

经济落后地区虽然已深受环境恶化带来的沉痛教训，不少有识之士已认识到发展生态林业、改善生态环境的重要性，但由于经济落后地区人们文化水平普遍偏低，生态意识淡薄，加之一些地方和个别领导存在急功近利思想，不重视生态林业建设，对破坏森林、破坏植被现象监管不严，甚至边治理边破坏，生态环境不断恶化。因而必须加大宣传力度，通过学习班、宣传车、环境教育录像及电影

等各种渠道大力宣传，普及环保知识与林业知识，以提高人们生态意识，掀起生态林业建设热潮。

### （二）建立生态林业专项资金，加大资金投入力度

生态林业建设“功在当代，利在千秋”。但林业生产周期长，经济收益慢，而且森林具有“公益”性，其生态效益为全社会享用，对林业必须采取扶持政策。在资金投入上，应以政府为主渠道，同时充分利用全社会资金和外资，做到相互协调，互为补充。一是加大财政投入，发挥政府投入的引导作用；二是运用政策调控手段，充分调动群众兴林致富的积极性，吸纳社会资金、民间资本和境外客商参与生态林业的投入；三是建立公益林的效益补偿机制，按照“慎用钱，严管林，质为先”的原则，管好用好森林生态效益补偿试点资金；四是建立生态环境市场，实行“谁受益，谁付费”，对依赖林业生态从事经营活动并有直接经营收入的单位和个人，应按规定征收生态环境建设补偿费。在经营活动中，对资源造成破坏的单位，也应按比例提取补偿资金，以达到建设者受益，享受者尽责。

### （三）建立多元化的科技支撑体系，提高科技贡献率

科技进步是生态林业建设的决定因素，在生态林业建设中，要进一步提高林业产业结构的层次和素质，把提高林业生态功能和林业经济的增长方式转移到依靠科技进步和提高劳动者素质上来，建立先进的科技支撑体系，以科技为先导，做到创新、引进、推广相结合，充分利用高科技手段，实行全员化、全程化、全方位的大科技战略，提高林业发展中的科技贡献率。深化科技体制改革，逐步建立和完善市、县(市、区)、乡(镇)三级林业科技推广体系，通过培训班、现场技术指导、科技示范、编发林业科技资料等形式，培养、提高科技队伍素质，为生态发展工程积蓄后备智力资源。进一步增加推广资金的投入力度，以扩大高新技术推广应用面、使各项推广计划能落到实处。

### （四）加强领导，统一部署，协调好各方关系

生态林业建设是涉及多行业、多部门的庞大工程，由于林业部门在现有权限内对造林、营林、采伐、森林保护、林业机械和木材加工等一系列林业生产环节不能有效

地加以调控，达不到有计划地发展并不断满足社会对林业多种效益的需求。因此，应从中央到地方，成立生态林业建设领导小组，负责生态林业建设的部署、规划、管理等工作。其职责不同于绿化委员会，也不同于林业主管部门，它要协调好林业与农、水、牧等诸部门的关系、林业与环境的关系、林业内部的各种关系，指挥这项庞大又复杂的林业系统工程，提高林业管理部门的效率，促进生态林业建设有序推进。

### (五) 建立和完善森林生态效益补偿机制

根据《森林法》和国家有关法规政策精神，按照“商品有价，服务收费”和“谁受益，谁负担”的原则，有关部门应尽快制定一个全国性森林生态效益补偿办法，并尽快实施。征收森林生态效益补偿的范围：一是依靠森林生态效益从事生产经营活动有直接收入的项目；二是由于开发建设使森林遭到破坏和生态效益丧失的开矿、采油等项目，征收费用于恢复植被，补偿生态效益损失。征收办法可采取在利用森林生态效益从事生产经营活动的单位的现收费的基础上附加，也可与经营单位对现收费比例分成或每年划出一定数额，还可采用征收生态税收或转移支付及其他一些适合当地情况、行之有效的办法，以培育和保护经济落后地区发展生态林业技术的积极性。

### (六) 用行政推动和利益驱动两个轮子，推进生态林业建设

生态林业建设是一项社会性很强的系统工程，涉及各行业、多部门，必须坚持以各级政府为主导，加大行政推动，形成合力，达到整体推进。要把生态林业建设列入经济落后地区国民经济和生态环境建设的主要组成部分，领导带头，齐抓共管，切实抓紧抓好已经启动的退耕还林(草)、防护林、城镇村绿化、天然次生林保护和生态公益林建设等重点林业生态工程，以此为契机推动整体林业建设的跨越式发展。必须通过有效的机制，给从事造林绿化的经营者利益和实惠。要坚持谁造谁有，谁经营谁受益的责、权、利相结合的原则，充分调动和鼓励社会各界积极参与生态林业建设，创造多种经营形式、多层次发展的新型生态林业建设机制。

### (七) 抓好生态林业工程建设中的配套工程建设

结合生态林业工程建设全力地抓好改善农村经济和提高粮食产量的配套工程建

设。配套工程主要包括两个方面：温饱工程和致富工程。温饱工程主要解决粮食问题，其核心是如何提高现有耕地的生产力，使之产出更多的粮食。致富工程主要解决农民经济收入低的问题，其核心是如何充分利用林产品和林副产品以及其他资源。投资少、见效快的温饱和致富工程，是改善农民经济生产的有效措施，同时也是整体生态林业工程建设的重要组成部分。随着农民经济收入水平的提高，砍伐林木、猎杀野生动物、破坏自然生态的行为会相应减少，进而使生态林业工程建设得以保护和发展。

### （八）健全法律法规制度，依法规范生态林业的建设

进行生态林业建设，需要一系列的法律保障和制度设计，迫切要求建立和健全与生态林业建设有关的法律法规。我国自改革开放以来，颁布与实行了一系列与生态林业建设有关的各项法律法规，在依法规范生态林业的建设方面作出了艰辛的探索和努力。其中，1998 年，国务院批准并颁布了《全国生态环境建设规划》，并发出紧急通知，要求坚决制止毁林开荒和乱占林地的行为，禁止砍伐天然林，并启动了国家天然林保护工程。此外，全国人民代表大会通过的《关于开展全民义务植树运动的决议》、国务院颁布的《关于开展全民义务植树运动的实施办法》、《森林法》及其实施细则、《森林防火条例》《森林采伐更新管理办法》《城市绿化条例》《森林病虫害防治条例》《制定年森林采伐限额暂行规定》《森林资源档案管理办法》《野生动物保护法》《陆生野生动物保护实施条例》《水土保持法》《环境保护法》等等，已经初步构成了我国生态林业建设的法律法规体系。但也应看到，这个体系还不能完全反映现代生态林业建设发展的要求，不能满足经济落后地区生态林业发展需要，还要进一步地完善和补充。

### （九）严格执法，切实保护和管理好现有森林资源

保护森林资源是《森林法》赋予各级人民政府的重要职责，也是林业执法的主要内容。经济落后地区各级政府和林业企业单位要建立健全领导干部保护森林资源目标责任制，加强森林资源监管，对乱砍滥伐森林，乱捕滥猎野生动物、乱采滥挖珍稀野生植物、毁林开荒、蚕食林地等行为，未经批准擅自采矿、采石、采砂等违法犯罪活动予以坚决打击。要坚持并完善森林限额采伐制度，凭证采伐，

凭证运输和凭证经营加工木材，对无证采伐、越界采伐、严重超设计采伐、非法运输、无证收购和无证经营加工木材的违法行为，要坚决依法查处。要加强林政队伍建设，健全严格的奖惩考核制度，做到层层有人抓，事事有人管，责任到人。要加强森林植物检疫工作，严防植物检疫对象传入或传出。加强森林防火工作，积极预防森林火灾的发生。要切实加强林地保护管理，无论基建、开矿等都应尽可能少占林地，逐级报批，经林业行政主管部门依法审核同意后，再按有关规定办理用地审批手续，未经林业主管部门同意审核批准生效，擅自使用林地者，按有关法律规定，追究有关责任人的法律责任。

### （十）加强国际合作，积极争取外部支持

生态建设无国界，林业问题具有全球性和整体性。森林资源减少造成的水土流失、荒漠化、生物多样性丧失等生态环境问题，不仅是局部性灾害，也是国际公害，许多捐助国和国际组织都把保护森林资源、防治荒漠化、维护生物多样性等与林业关系密切的领域作为优先领域，给予经济和技术援助。我国是世界上森林资源恢复和生物多样性保护工作面临严峻形势的国家之一，积极开展对外科技交流和经济合作，积极争取国外援助和优惠贷款，引进国外的先进技术和管理经验，认真做好引进项目的消化吸收，将对经济落后地区生态林业工程建设起到有力的推动作用。国家有关部门应进一步坚持扩大林业国际经济和技术合作，为改善经济落后地区生态环境作出贡献。

总之，经济落后地区的生态林业建设是一项复杂的系统工程，工作涉及面广，难度较大，需要各级领导和各相关部门做好大量艰苦细致的工作，动员全社会力量的积极参与。同时，还应结合各地社会经济发展及自然条件实际，加强对生态与经济规律的研究，从理论上弄清林业发展中生态保护与经济发展之间的关系。如森林的覆盖率应达到何种程度才能满足生态平衡的需求，在何种条件下采伐木材的数量和周期不至于破坏生态环境，农民对林业收益的可接受度及与其行为的关系等等。并在此基础上建立起既符合市场经济规律又符合区域特点的多功能、多层次、多结构的复合型林业生产体系，加强领导，狠抓落实，以点带面，推动整个生态示范区林业建设的顺利开展，为经济落后地区人民群众的脱贫致富做出应有的贡献。

# 第七章 经济落后地区生态旅游业建设

旅游业是一种具有相当高的关联度和旺盛生命力的“朝阳产业”，开发经济落后地区丰富的旅游资源，发展经济落后地区旅游业可以带动和促进交通、邮电通讯、饮食、文化娱乐、商品生产等相关产业的发展，起到“一业带百业”的作用。经济落后地区发展旅游业还有利于促进经济落后地区的生态环境保护，因为旅游开发从客观上要求维护文物古迹，发掘风土人情，保护和改善生态环境。这都对经济落后地区的社会文化和自然环境起到积极的保护和促进作用。同时，经济落后地区的贫穷落后，不仅是经济的落后，更深层次的是观念落后。通过旅游开发，有利于促进经济落后地区与发达地区的文化、人才和物资交流，扩大经济落后地区的对外交往，从而促进价值观念的革新，这一点是其他任何形式都不可代替的。在具备旅游资源条件的地区发展旅游业，将资源优势转化为经济优势，促进经济社会发展，是实现我国经济落后地区脱贫致富的一条有效途径。

## 第一节 旅游业发展与生态环境相互关系分析

旅游业发展与生态环境之间存在着既相互矛盾又相辅相成的关系，生态环境为旅游业发展提供所需的自然资源并创造良好的外部条件，在一定程度上促进旅游业发展。而旅游业发展也对生态环境产生影响，旅游业的合理发展可以为生态环境保护和优化提供动机和资金条件，旅游业的不合理发展则会破坏生态环境。

### 一、旅游业及其发展前景

#### （一）旅游产业及其产业链条

旅游产业主要指随着我国旅游业的迅速发展，传统的旅游产业要素进一步扩展，各要素相互交织形成了一个紧密的旅游产业链。

旅游产业具有三大动力效应：直接消费动力、产业发展动力、城镇化动力，在此过程中，旅游产业的发展将会为这一地区带来价值提升效应、品牌效应、生态效应、幸福价值效应。

传统意义上的旅游产业要素就是人们经常提到的“食住行游购娱”，旅游行业专家林峰认为，如今的旅游产业要素已扩展为“食、住、行、游、购、娱、体、会(会议)、养(养生)、媒(媒体广告)、组(组织)、配(配套)”，他们相互交织组合，形成了以下九个类别的行业，构成了一个紧密结合的旅游产业链：

(1) 游憩行业：包括景区景点、主题公园、休闲体育运动场所、产业集聚区、康疗养生区、旅游村寨、农场乐园等的经营管理和运作的行业；

(2) 接待行业：旅行社、酒店、餐饮、会议等；

(3) 交通行业：包括旅游区外部的公路客运、铁路客运、航运、水运等，也包括景区内部的索道等小交通；

(4) 商业：集购物、观赏、休闲和娱乐等于一体的购物休闲步行街、特色商铺、创意市集等；

(5) 建筑行业：园林绿化、生态恢复、设施建造、艺术装饰等；

(6) 生产制造业：车船交通工具生产、游乐设施生产、土特产品加工、旅游工艺加工、旅游衍生品加工、信息终端及虚拟旅游等设备制造；

(7) 营销行业：旅游商务行业(包括电子商务)、旅游媒介广告行业、展览、节庆等；

(8) 金融业：旅行支票、旅行信用卡、旅游投融资、旅游保险、旅游衍生金融产品等；

(9) 旅游业：规划、策划、管理、投融资、景观建筑设计等咨询行业以及相关教育培训行业。

一个旅游项目，从最初策划到规划、设计、建设，再到对外营业，游客来游玩，需要以上各个环节系统紧密配合。旅游产业具有跨行业的综合复杂性以及多环节配合的服务消费特性，旅游产品之间的相互依赖非常强，需要服务链各个环节的提升与质量保障。因此，旅游产业更多的表现为一种“以旅游业本身所包含的行业为基础，关联第一产业、第二产业及第三产业中的卫生体育、文化艺术、金融、公共服务等相关行业的泛旅游产业结构”。

### （二）旅游产业的经济社会效应

据统计，我国国内旅游消费及旅游业总收入的增长速度一直高位运行于居民消费支出和国内生产总值之上。2011 年，我国居民国内旅游消费达到了 19 305.39 亿元，占到了整个居民消费支出总额的 11.7%；旅游总收入为 2.25 万亿元，实现 20.1%的快速增长，占 GDP 的比重上升到了 4.77%。据预测，到 2020 年我国将形成世界第一大国内旅游市场和世界第一大出境旅游市场，旅游业增加值占 GDP 的比例将超过 5%，真正成为国民经济的支柱产业。

旅游通过搬运将市场需求与市场供给做了很好的匹配，因此在资源丰富而市场不足的一些偏远地区，旅游业的经济功能得到了更多的体现，在消除贫困、平衡经济发展方面作出了积极贡献。据统计，截至 2012 年底中国乡村旅游收入受益村(寨)超过 2 万个，直接受益农民超过 2 400 万人。通过发展旅游已使贫困地区约 1/10 的人实现脱贫。

旅游属于劳动密集型行业，就业层次多、涉及面广、市场广阔，对整个社会就业具有很大的带动作用。从全球来看，2009 年旅游就业人数达到了 2 亿人，占全部就业人数的 8%。从我国来看，2001 年，旅游直接就业人数为 698 万人，旅游就业总人数为 3 578 万人，十一五时期，新增旅游直接就业约 300 万人，带动间接就业约 1 700 万人。到 2012 年，我国旅游直接从业人数已超过 1 350 万人，与旅游相关的就业人数约 8 000 万人，占全国就业总人数的 10.5%(旅游发达国家均在 10%以上)。2015 年就业人数将达到 1 亿人。

旅游还特别在解决少数民族地区居民、妇女、农民工、下岗职工、大学毕业生首次就业者等特定人群就业方面，发挥了重要作用。

### （三）旅游产业的发展前景

旅游正在成为富起来的中国人的新一项基本消费。据国家旅游局提供的报告，2016 年，我国国内、入境、出境旅游三大市场旅游人数达 47 亿人次，旅游消费规模达 5.5 万亿元，全国旅游业实际完成投资 12 997 亿元，比上年增长 29%，比第三产业和固定资产投资分别高出 18 个百分点和 21 个百分点，比房地产投资的增速也高出 22 个百分点。由此可见，旅游业已经成为我国经济进入新常态以后促进消费、拉动经济增长的一个重要引擎。

近几年，我国正在大力推进供给侧结构性改革，以提升经济质量。大力发展旅游业，就是这种供给侧结构性改革的一个重要内容。对于现阶段的我国来说，不仅能满足广大旅游者的需求，还有利于我国正在大规模推展的扶贫事业。我国广袤的西部地区自然风光优美，但经济相对落后，还有不少贫困地区。在这些地区大力发展旅游业，不仅能够增加经济收入，改变贫困面貌，而且有利于当地转变发展理念，认识到绿水青山就是得天独厚的资源，就是当地的“金山银山”，从而建立起可以永续的生态文明。

旅游业快速增长是人民美好生活的体现，但就目前我国旅游业的基本状况来说，发展还存在着不平衡不充分的问题，整个业态还是一种粗犷式的格局。目前支撑旅游市场的主要是老年游，旅游高峰则集中在春节和国庆两个“黄金周”，这也意味着我国仍需要推进在职职工的带薪休假改革。所有这些，都需要旅游业主管部门和其他有关部门加快推进协同改革。

另外，旅游企业也不能满足于现状，而是需要对市场进行“深耕细作”，比如我国一些大城市名人故居和纪念馆众多，旅行社可以组织专题专线游，吸引游客在旅游的同时得到丰富的人文营养。目前，已经退休的老年人已成为各大旅行社的目标，但一些疲于奔命的项目显然对他们并不适合，旅行社可以组织“慢游”专场，引导老年游客随遇而安地旅游，得到真正的身心放松。

## 二、旅游业与生态环境的相互关系

### （一）旅游业发展对生态环境的依赖和促进作用

生态环境既是旅游业发展的条件，又是旅游业发展的结果。国内外旅游业发展的历史表明，生态环境以其可提供的旅游资源数量决定了旅游业发展的规模和潜力，是旅游业的生存之本、发展之源。丰富多彩的自然、文化景观和良好的生态环境，是旅游业生存和发展的基础。同时，旅游业的合理发展，又有利于生态环境的保护和优化。这主要体现在以下几个方面：一是促进珍稀濒危生物的保护。珍稀濒危生物主要分布在自然界人化程度比较低的地方。这些地方由于其生态系统保护良好，景观及环境价值、科学价值高，为今天人们进行旅游开发特别是生态旅游的开发提供了独特的资源与环境。生态旅游的开发一方面可以对周围群众和旅游者进行生态环境保护意识的教育，另一方面可以为珍稀濒危生物保护寻求经济支撑，增加保护和管理的力度。二是促进大气环境保护和治理。洁净的大气是今天旅游者的基本要求，也是旅游环境质量较高的一种体现。为此，各旅游景区都极力进行大气环境保护，对大气污染进行治理。三是促进地质地貌的保护。一些典型的地质、地貌现象不仅是自然、生态环境的组成部分，还是重要的旅游资源。为使旅游业能持续地发展，各地区纷纷开展了地质、地貌的保护工作。例如我国对张家界砂岩峰林地貌、武夷山和丹霞山等地的丹霞地貌、云南的禄丰恐龙化石地点及众多的溶洞、四川九寨沟的钙化景观等等进行了保护。

总之，旅游业的合理开发，特别是生态旅游的发展提高了人们对自然环境的认识，整治了生态环境，提高了环境质量，促进了生态环境的保护和优化。

### （二）旅游业发展对生态环境的破坏

旅游业的合理发展会保护和优化生态环境，但如果在旅游业发展过程中，缺乏合理的、科学的规划和引导，就会产生各种负面影响，导致生态旅游资源和环境的破坏。

旅游活动对植物覆盖率、生长率及种群结构等均可能有不同程度的不利影响。比如，对旅游者管理不善可能导致森林火灾，导致植被覆盖率下降等；大量垃圾堆积，会导致土壤营养状态改变，还会造成空气和光线堵塞，致使生态系统遭到破坏；旅游者蜂拥而至，可能破坏动植物繁殖习性，影响动物生存和迁徙；基础设施和旅游建设使一些地面裸露荒芜，树木生长不良，割裂野生生物环境，还有可能损伤一些濒危植物；此外，旅游者有时还无意地将一些外来物种带入旅游区，这就有可能改变旅游区内植物区系组成，甚至带来一些灾难性的后果。

生态环境的破坏会造成意境衰退、吸引力降低，导致整个旅游区生命周期缩短，甚至废弃。在一些地方甚至出现了旅游点开发一个破坏一个的情况，长此下去，后果将不堪设想。

生态环境是旅游业发展的基础，但在旅游开发过程中却屡屡出现破坏生态环境的情况。旅游经营商会不顾旅游发展而采取杀鸡取卵的掠夺式开发，其原因在于在我国旅游及生态环境资源的所有权属于国家，管理权由各级旅游职能部门代为执行，而实际的使用、开发权往往又被委托或承包给了经营商。由于旅游及生态环境资源是一种公有资源，其开发、利用和治理的责、权、利很难界定，这就造成作为旅游资源的直接开发者——旅游经营商而言，出于自身经济利益的考虑，必然尽可能多地吸引游客，游客越多，旅游经营商所获取的利润越大，但同时也应看到，随着游客数量的增加，旅游景区所面临的环境压力也越来越大，因为大部分旅游环境问题是由于游客过多造成的。对于旅游景区而言，它的环境容量是有限的，若超过此旅游区环境容量进行开发而又不辅以人工治理，则其生态系统会遭到不可恢复的破坏。而旅游经营商开发旅游的目的是为了获取更多的利润，受利润动机的支配，经营商一般不会主动选择对旅游污染进行治理，因为污染物的治理需要花费人力、物力从而增加私人成本。于是，旅游经营商愿意舍弃治理而将污染物直接排入环境，即将治理污染所需的成本转嫁给社会，造成旅游环境污染。

### （三）生态旅游是实现旅游业与生态环境协调发展的必然选择

近年来，由于人们对旅游业认识的变化及部分景区成功实践的示范引导，我国旅游业发展迅速。但目前我国的大部分地区在发展旅游业的过程中普遍存在缺乏保护管理、超量接待游客等破坏性经营开发情况，使旅游区不堪重负，生态环境遭受严重破坏。在旅游业发展过程中若不重视环境保护，轻者会造成水土流失，破坏生态环境；重者威胁生存。为了造福子孙后代，应走生态旅游的发展道路，实现旅游业可持续发展。

生态旅游的概念最早由国际自然保护联盟(IUCN)特别顾问、墨西哥专家谢贝洛斯·拉斯喀瑞(H. Ceballos Lascurain)于 1983 年提出。此概念一经提出便受到了国际旅游组织和学术界的广泛重视，各类研究成果层出不穷，但目前国内外学术界对生态旅游定义还没有送到统一的认识。笔者认为其含义至少应包括以下几个方面：第一，生态旅游的开发对象主要为受人类干扰破坏较小、较为古朴的区域，特别是生态环境保护得较好、地方文化特色浓郁的经济欠发达地区；第二，生态旅游的旅游者、管理者、景区居民有比较强的环境意识，他们的行为不损害环境，不造成环境恶化；第三，生态旅游注重吸引当地居民参与旅游开发和管理，并分享发展成果。与传统旅游相比，生态旅游具有范域上的自然性、利用上的可持续性、层次上的高品位性、当地居民的广泛参与性，旅游活动的环境保护性和环境教育性等突出特点。综上所述，所谓生态旅游就是以生态环境、自然资源与人文艺术为取向，以可持续发展观为指导，既能从中获得经济、社会效益，又能维持与延续生态效益的旅游活动体系。

生态旅游与传统旅游比较，至少有三个鲜明的特点：一是生态旅游以大自然为对象，把旅游和对自然生态的认识、接受自然保护的教育结合起来，从中学习各种新的、有用的知识；二是作为一种指导思想，要求旅游业以维护自然生态的原生性特点和生态可持续性为根本宗旨，把开发旅游资源同保护生态环境结合起来，促进区域环境与经济协调发展；三是旅游收入要更多地返用于生态保护，在“绿色消费”和“绿色投入”之间架起“绿色通道”。

由此可见，发展生态旅游，不仅要向游人提供优美的自然景观和高品格的自然环境，获得最佳经济效益，同时还要保障自然资源、生态环境不受污染和破坏，维护完好的生态系统，实现可持续利用，达到生态系统安全稳定，生态旅游长久繁荣的“双赢”目标。

20 世纪 90 年代以后，“生态旅游”迎合了人们回归大自然的心态，因而在世界范围内蓬勃发展。近年来，全球生态旅游的年增长率高达 30%，是各类旅游形式中发展最快的一类，我国的生态旅游业也出现了快速发展的势头。

## 三、环境与经济发展需求激发生态旅游活动的兴起

20 世纪 90 年代生态旅游概念传入我国，引起了政府部门、旅游业领域、学

术界的广泛关注。1993 年 9 月，在北京召开的第一届东亚地区国家与自然保护区会议上，中国首次以会议文件形式给出的生态旅游相关定义：“倡导增加对大众关注的旅游活动。提供必要设施，实行环境教育以便旅游者能参观、理解、珍视和享受自然和文化资源，同时并不对生态系统或当地社区产生无法接受的影响”。2016 年，发改委与国家旅游局联合颁布《全国生态旅游发展规划(2016－2025)》，规划借鉴国际生态旅游定义，结合中国实践，将生态旅游界定为：以可持续发展为理念，以实现人与自然和谐为准则，以保护生态环境为前提，依托良好的自然生态环境和与之共生的人文生态，开展生态体验、生态认知、生态教育并获得身心愉悦的旅游方式。

生态旅游的目的就是旅游业、自然保护和地方经济发展的协调与统一。人与自然的和谐共生。

在满足保护自然环境或者野生动植物的前提下，从事对环境和文化影响较小的游乐活动。例如，在卢旺达的原始森林中观赏大猩猩时，采用远观而不影响大猩猩正常生活的方式，这和传统旅游相比，最大特征就是“保护性”，强调对旅游对象的保护。

1988 年墨西哥保育专家拉斯喀瑞进一步强调生态旅游是在相对古朴、原始的自然领域展开的，是一种尽情考究和享受旖旎风光和野生动植物的活动。后来多名学者也提出相似的观点。可见生态旅游开展的区域是自然区域，生态旅游的对象强调自然景观或野生动植物。

1990 年，国际生态旅游协会(The International Ecotourism Society)提出生态旅游活动的开展要在尽量不改变当地生态系统完整的基础上创造当地经济发展机会，让当地居民受益。在这一点的创新上，生态旅游逐步演化为社区参与的模式。这种创新的思想强调了生态旅游是一种负责任的旅游，除了“保护旅游对象不受危害”外、还应在“为当地居民创造就业机会”“使当地居民受益”“为当地人口提供有益的社会活动和经济活动”等方承担责任。

1993 年 9 月，在北京召开的第一届东亚地区国家与自然保护区会议上提出的生态旅游定义是：“倡导增加对大众关注的旅游活动。提供必要设施，实行环境教育以便旅游者能参观、理解、珍视和享受自然和文化资源，同时并不对生态系统或当地社区产生无法接受的影响”。其新的观点在于强调对旅游者实行“环境教育”。

生态旅游者是一项大众普及的活动，它不仅仅只限于社会地位高的人士参与，普通工人、职员、学生等都可以成为生态旅游者。与传统旅游相比，生态旅游最大的特点就是保护性。生态保护是生态旅游开展的前提条件。生态旅游建立在现代科学技术基础上，其旅游形式可以是多种多样的。除了普通的观光、度假，还衍生出了观鸟、徒步、滑雪、探险、科考等一系列生态旅游项目。由于生态旅游所提倡的环境教育理念，生态活动内容要求有较深的科学文化内涵，这就需要活动项目的设计及管理均要有专业性。“品”即“产品”或“商品”，生态旅游产品或商品应该是高质量、高品位的“精品”

## 第二节　经济落后地区生态旅游业的特点、意义与面临的问题

经济落后地区以农业生产为主，由于生态环境脆弱，人口存量超过了资源环境的承载能力，导致生态系统的退化和人群的贫困，并最终陷入“破坏—贫困—破坏”的恶性循环。要保护生态平衡，实现脱贫致富，从根本上讲就是降低人口对生态环境的直接依赖程度。实践表明，城市化和工业化是降低人口对生态环境的直接依赖程度的有效途径。但经济落后地区经济落后，城市化和工业化步履艰难、进程缓慢，在这种情况下，发展生态旅游成为保护生态平衡、实现脱贫致富的另一条有效途径。

### 一、经济落后地区生态旅游的特点

#### （一）景观资源的丰富性

旅游资源有很多，自然资源、文化资源都可以成为旅游活动的载体，发展成

为旅游景区，带动旅游经济的发展。我国作为一个历史悠久的农业国家，农村地区的地域广阔，人口众多，在广大农村地区分布着各种具有自然特色与文化特色的旅游资源，因此发展乡村旅游经济我国农村地区具有天然的优势。乡村的景观一般都有人的参与，并且在长期的自然劳动过程中形成了天人合一的和谐关系，这是其他旅游资源不能比拟的。

### （二）时空结构上的分散性

乡村旅游资源主要以自然景观、农家生活以及特色民俗为主。农业生产受自然条件的影响比较大，尤其是在一些依靠农业资源发展乡村旅游的区域来说，旅游活动的季节性十分明显。农村地区在不同的季节会呈现不同的景象，尤其是在四季相对分明的北方地区，春天的花、夏天的水、秋天的落叶、冬天的雪，每个季节都有不一样的体验。这一特点也使得乡村旅游的吸引力层次更加丰富，能够满足不同旅游需求的游客。乡村旅游资源分布比较分散，这种分散性既有好处，但也存在诸多的弊端：优势在于分散的布局能够扩大旅游景区的承载量，使游客获得更好的旅游体验；劣势在于分散的分布使得交通条件便利性不足，并且难以集中投资改善基础设施建设，提升旅游服务的质量。

### （三）旅游活动的参与性和体验性

乡村旅游不仅仅是一个旅游观光的项目，它包含着很多方面的因素与组成部分，比如乡村娱乐，民俗体验，田园风光等。在传统的旅游活动中旅游者大多作为一个参观者与见证者参与到旅游活动当中，而乡村旅游则能够实现旅游者与旅游资源的互动，增强旅游的趣味性与参与感，比如在乡村旅游中游客可以参与田间劳作，体验农耕生活；可以参与到民俗活动中，感受民俗文化的魅力等。乡村旅游的旅游产品的参与性也比较强，比如在乡村地区游客可以自己参与垂钓并品尝自己的收获的鱼鲜。

### （四）文化层次上的高品位性

农村地区相对封闭，很多传统习俗得到了保留，这使得我国乡村旅游的文化性与层次内涵有了保证。乡村地区的民俗节庆一般都会上演特色仪式或者歌舞，婚丧嫁娶可以体验我国传统的风俗习惯，建筑巷道可以体验优美的建筑艺术，这些都是其他旅游形式难以给予旅游者的体验，而这些体验是旅游体验中的高层次享受，能够很好地吸引游客。

### （五）生态旅游的多功能性

随着后工业社会中主导现代旅游业的自然、休闲、文化变迁趋势的出现，欧洲的旅游业发生了结构性的变化，旅游目的已经从初始阶段的人文自然景观型旅游，经由以人造主题公园为主要对象的观光旅游，迈入了第三个阶段——参与型旅游。参与型旅游是在前两种传统的以静态和被动观赏为基本特征的旅游模式的基础上，融休闲娱乐、文化教育、强身健体于一体的新型休闲旅游形式。

乡村旅游最重要的一点是让人们体验乡村生活与城市生活的不同，让游客感觉到放松与休闲。农村地区的生活节奏较慢，农村居民不同于城市居民的生活习惯，他们有规律的生活与劳作，置身于这种生活状态中人的思想会得到放松，烦躁的情绪会得到很好的缓解，乡村旅游在度假、疗养中的作用是其他旅游形式难以替代的。作为参与型旅游重要形式之一的乡村旅游业随之蓬勃发展，并与传统乡村旅游有很大的区别。

#### 1．一股“自然癖好”回归大自然价值的潮流

对于自然价值的追求是工业化程度高度发展的国家，如今它正在以极强的势头回归，开始影响人们的生活，自然环境本身的吸引力成为促进这一变化的关键力量。科学作为人类文明发展的成果，在人类认识自然与改造自然的过程中发挥着关键的作用，在工业文明的价值理念的影响下人类对自身在自然界的地位的认识产生了偏差，以人类利益为中心的发展模式导致工业化时代全球性的环境问题与生态问题层出不穷。

#### 2．休闲潮流的兴起

马克思曾说过，休闲是一种非直接性的劳动生产活动。从广义上来说社会个体接受教育积累知识的时间、放松身心解除疲惫的时间都属于休闲时间以及进行

社交活动的时间等。从休闲活动的内容来看，休闲注重的是对某种生活状态或者精神状态的追求，从人的本质层面来说，是人追求更高层次生命质量的活动。20世纪70年代，随着人类物质文明成果的巨大进步，休闲成为一种普通人喜闻乐见的生活方式，尤其是价值观的转变，使得人们不再单纯地追求劳动价值，生活价值与精神享受成为人们生活的目标。

3．旅游的新习惯离不开文化变迁

大众消费阶段对文化本质的探求成为人们选择旅游产品的一项重要标准。我们以北欧国家为例对这个问题进行理解，北欧国家城市化水平极高，很多人在城市生活已经超过数代，但从他们的生活习惯与生活细节来看，仍然保留有祖辈乡村生活的影子，他们对乡村旅游的推崇与认同与精神归乡有极大的联系。推而广之很多城市居民在城市生活不过两三代人，他们的生活与行为习惯与乡村有着密切的联系，虽然乡村文化在城市生活过程中发生了很大的变化，但是我们仍然能够感觉到它的亲切与朴实。

## 二、经济落后地区发展生态旅游业的意义

### （一）有利于经济落后地区经济结构优化

随着经济社会的进一步发展，经济落后地区那种靠粗放式经营对资源掠夺性、破坏性利用，以自给自足为主的经济发展道路越来越行不通，经济结构优化调整成为必然。在生态旅游资源丰富的经济落后地区发展旅游，不仅可以开拓土地利用的新模式和新领域，改变传统的地域生产结构和产业结构，推动传统产业向“高技术、高附加值、高效益”的现代产业转化，而且还可以通过旅游开发为其他产业发展提供良好的基础设施条件，给地区经济创造新的增长机会，使经济落后地区达到脱贫致富的目标。

### （二）创造就业机会，带动地方经济的发展

国家针对经济落后地区的扶贫曾采取了一系列措施，如财政扶贫、信贷扶贫、民政救济扶贫和物资捐助扶贫，这一系列措施可以说是“输血式”扶贫。而与之

相比较，通过发展生态旅游来扶贫则是一种“造血式”的扶贫。生态旅游是一个关联性很强的产业，它的开发可以带动一大批相关产业的发展，如交通业、餐饮业、宾馆业、旅游服务业、纪念品制造业等。通过旅游业和相关产业的开发，可以给当地居民创造大量的就业机会，缓解其“靠山吃山”的传统生活方式与保护自然环境之间的矛盾，减少偷猎、偷伐现象的发生，减轻自然保护区的压力，缓解自然保护区和周边居民与当地政府的关系，使直接受益居民参与生态旅游和自然保护工作，从而带动地方经济的发展，提高当地居民的生活水平，促进经济落后地区社会经济的全面发展。

### （三）促进我国旅游景点布局的合理化

我国有待开发的生态旅游资源大多分布在交通不便、经济落后的地区，但由于经济发展原因和认识上的片面性，以前的旅游项目建设大多集中在经济发达的地区，而经济落后地区众多的自然景观得不到应有的利用，造成了经济发达地区的旅游区承受巨大压力，而经济落后地区优越的旅游资源很少有人问津。开发生态旅游，可使目前的旅游网点布局不合理状况有一个明显的改变，使经济落后地区丰富的生态旅游资源得到有效利用，同时也能缓解经济发达地区旅游景点的压力。

### （四）促进民族传统文化的保护与发展

生态旅游既包括人们对自然生态的体验，也包括对人文历史的感受。人文历史是生态旅游赖以发展的重要资源。由于过去对各民族文化重视不够，各民族文化中一些颇具特色的传统文化习俗正在衰弱、加速同化或者消失。生态旅游可以提供一条保护民族文化的有效途径。因为要吸引生态旅游者，除自然景观外，还要有深厚的人文历史底蕴，尤其是那些保留在大自然中的古朴的、原汁原味的人文历史和民族风情，越来越显示出巨大的吸引力。这就会吸引人们发掘、整理和提炼那些最具有民族特色的风俗习惯、历史掌故、神话传说、民间艺术、舞蹈戏曲、音乐美术、民间技艺、服饰、饮食、接待礼仪等民族传统文化，使这些民族文化的瑰宝得以永世流芳。

## 三、经济落后地区生态旅游业发展中存在的主要问题

近年来，生态旅游在我国经济落后地区迅速兴起，在旅游业的带动下，一些经济落后地区迅速脱贫致富。如广西龙胜县的白面瑶寨、河北省涞水县野三坡、湖南省武陵源、甘肃省渭源县等发展旅游业不但取得了良好的经济效益，还解决了当地剩余劳动力的出路问题。但由于经济落后地区的生态旅游业开发历史较短，人们对旅游与环境之间的关系尚缺乏科学理解，在强调对旅游资源的开发利用的同时，忽视了旅游本身对生态环境的影响和破坏，从而偏离生态旅游的轨道。

### （一）经济落后地区生态旅游业发展中存在的主要问题

#### 1．生态环境得不到有效保护

近年来，有关开展生态旅游对环境造成破坏的报道常见于各种媒体。目前，生态旅游开发对自然环境的破坏主要集中在以下几个方面：一是由于规划开发不当造成的生态系统破坏；二是接待游客过多、超过环境承载力而造成的生态失衡；三是消费者进入景点以后产生的垃圾没有得到很好的回收和处理而造成的污染。

#### 2．生态旅游往往仅被当作促进当地旅游业发展的标签

在现实发展中，很多地方没有认真研究开发的可行性，而是把生态旅游当成了一种标签和招徕游客的幌子，以迎合游客向往自然、回归自然的心理。甚至有些企业为了自身的经济利益，利用生态旅游概念上存在的争议，在主观上有意曲解生态旅游的含义。这些做法不仅对旅游者产生了误导，还严重损害了当地的声誉，造成环境的永久性破坏，不利于当地旅游业的长远发展，更有悖于生态旅游发展的初衷。

#### 3．从业人员缺乏专业知识

很多生态旅游区尚未建立起生态旅游从业人员的培训教育体系，许多导游没有经过系统的训练，不能把地质地貌的形成、动植物的分布及保护区生态系统的意义等知识讲解给游客，而是牵强附会，达不到让游客认识自然、增强环保意识的目的，致使旅游者满腹抱怨。

#### 4．生态旅游开发利用的种类少、规模小、层次低、效益差

经济落后地区现在推出的一批具有生态旅游特点的旅游线路、景点、项目和节庆活动，其中大多数是大众化的生态旅游，而专业性很强的特种生态旅游的开发还处于尝试阶段。

### （二）问题形成的原因分析

经济落后地区的生态旅游发展中出现了一系列问题，既有经济水平不高、国内旅游市场仍处于大众观光、度假旅游阶段等客观条件方面的制约，也有对生态旅游内涵认识不清、专业人才缺乏等问题。具体来说，主要有以下几个方面的原因：

#### 1．对生态旅游缺乏正确的认识

在经济落后地区，许多人认为既然是生态旅游，就不会带来环境的污染和破坏。这是一种落后的思想观念，这种观念上的错误影响了生态旅游的发展决策，带来了生态环境的恶化。

#### 2．在管理方面缺乏统一规划与引导

由于政策的引导和九寨沟等景点成功的示范，各级政府部门吸引各行各业都投身于旅游开发之中，这虽然在一定程度上促进了生态旅游业的发展，但许多生态旅游发展项目未经科学考证和规划，未经市场调研和预测就进行开发，在管理上，缺乏统一的布局规划，在具体规划上等同于一般的传统大众旅游，导致开发上“遍地开花”，质量差，趋同性强，结果造成了投资浪费，开发性破坏和污染，带来了不良的生态影响。

#### 3．旅游经营者和旅游者环境保护意识淡薄

生态旅游在我国发展的时间不长，生态旅游教育跟不上发展的速度，一些生态旅游经营者为了眼前的经济利益，无视政策法规，任意开发和任意经营时有发生，有些旅游者环保意识淡薄，走了一路，踩了一片，丢了一地。

生态环境是发展生态旅游的基础，要更好地发展生态旅游，必须正确对待这些方面的问题。

# 第三节　经济落后地区生态旅游业发展的路径与主要策略

## 一、经济落后地区发展生态旅游的优势与劣势

### （一）经济落后地区发展生态旅游业的优势分析

随着国民经济的快速发展、人们生活水平的稳步提高、节假日的增加，人们非常需要在周末或节假日寻找一片安静的乐园，放松紧张的心灵，这一切为经济落后地区生态旅游业的发展提供了广阔的空间。

#### 1．生态旅游业有巨大的潜在市场

随着城市污染严重，生活环境日趋恶化，人们对良好生态环境的渴望越来越强烈。人们由以身体享乐为主的传统旅游追求转向以精神享乐为主的生态旅游追求，人们渴望走向大自然、亲近大自然，到优美、开阔的大自然中去寻找自我、呼吸新鲜空气，以求得身心健康。再加上人们可自由支配收入的提高和双休日、长假、带薪休假的兴起，生态旅游正日益成为国内外旅游市场的热点。经济落后地区特有的自然风光和民俗风情正能适应旅游市场的变化需要。在生态旅游者眼里，经济落后地区“穷乡僻壤”可能成了“自然生态”，山林河谷、行云流水、村寨农田、历史民俗、特色土产是高品位高价值的旅游商品，有巨大的市场潜力。

#### 2．经济落后地区有丰富的生态旅游资源

我国的经济落后地区一般处于革命老区、边远山区、少数民族地区和边境山区。简称“老、少、边、山”地区，这些地区由于区位偏远、信息闭塞以及可进入性差，自然景观受人类经济活动干扰较少，自然生态环境保持相对较好，地方民族文化特色浓郁，旅游资源品位高、垄断性强。据统计资料显示，在全国旅游

景点总数中，经济落后地区的景点占一半，国家级自然保护区中，位于经济落后地区的占 1 / 3，其中武陵源、九寨沟、黄龙寺已被联合国教科文组织列入“世界自然遗产”名录。另外，经济落后地区地域广阔，民族众多，各民族各具特色的历史和绚丽多彩的民族风情、民俗文化、节日活动、民间歌舞、戏曲杂技、工艺品、饮食文化等，均是独具特色的生态旅游资源。

#### 3．国家和政府大力支持经济落后地区发展生态旅游

生态旅游是一个关联性很强的产业，可以起到一业带百业的作用。同时，生态旅游的发展，增加了人们的就业机会，缓解了其“靠山吃山”的传统生活方式，有利于生态环境的保护和优化，因而得到了国家和政府的大力支持。

### (二) 经济落后地区发展生态旅游业的劣势分析

#### 1．资金缺乏，观念落后

经济落后地区薄弱的经济基础造成了旅游基础设施落后、投资环境差、投资效益低下的现状，从而旅游资源的开发建设资金不足，旅游点的景观建设薄弱，绝大多数处于潜在或半开发状态，没有完全形成现实的旅游资源，发挥出应有的效益。无论是当地领导阶层，还是旅游经营者，由于受封闭的地理区位观制约，观念比较滞后，思想不够解放，对旅游业发展前景认识不够，缺乏发展生态旅游的意识，缺乏主动性和前瞻性。

#### 2．基础设施薄弱，可进入性差

经济落后地区的经济多以农业为主，工业发展缓慢，因而支持旅游业发展的基础设施比较薄弱。再加上经济落后地区一般处于革命老区、边远地区、少数民族地区的边境山区，路途遥远，交通费用高，旅游公路等级低，尤其是骨架公路与景点之间的旅游专线公路，因缺乏资金而无法修建，影响了旅游业的发展。进入成本较高，如进入西藏，资料表明，成都至拉萨的单位里程机票价格远高于成都至北京航线。区内交通同样落后，相当多的景点，还不具备可进入性，景点间跨度大，交通不便。

### 3. 教育落后，专业人才匮乏

我国经济落后地区教育相对落后，旅游人才培养机制不健全，培养数量不足，再加上经济落后地区难以吸引和留住人才，导致该地区人才匮乏。而缺乏管理与经营的人才，缺乏科学知识与技能，严重制约了生态旅游业的快速发展。

### 4. 旅游管理体制不完善

由于管理体制上的原因，我国的生态旅游开发都是由旅游部门负责规划，很少有生态环境保护专业人员参与。而旅游景点的开发往往委托或承包给经销商，因此，在实践中往往出现重开发利用，轻生态环境和资源保护；重经济效益，轻长远利益的不良状况。在旅游收入中，投入到生态环境治理和保护的低，许多珍贵生态旅游资源得不到有效维护。

## 二、经济落后地区生态旅游发展的路径

### （一）政府导向与企业化、集团化运作相结合进行管理运营

政府导向型发展战略是各个国家尤其是发展中国家旅游发展过程中的共同经验，国家旅游局一直以云南等省区政府主导发展旅游业的实践为例证，推广和总结这一经验。旅游业涉及很多部门，比如土地、文物、环保、城建、林业、宗教、工商等部门，由于各部门的利益冲突，完全用市场的手段发展旅游业，一是起步难，二是发展慢。实施政府导向型战略可以充分发挥政府信誉好、协调力强、有一定的资金筹措能力的优势，对促进旅游业的快速发展是必要的，也是重要的。特别是对于经济落后地区这样经济发展水平低、旅游业处在起步阶段、旅游企业小、散、弱、差现象明显的地区来说，政府的导向投入及全方位的组织、协调意义更大。

凡是产业就应该由企业主导，而不应该是政府主导，这早已为国内外经济发展的经验和教训所证明。和其他产业一样，旅游业处在幼稚时期，需要政府的保护和扶持，但发展到一定阶段，必须进行市场化运作。当然，旅游业的发展需要长期的大量投入，靠一两个企业的个体行为难有大的作为。为此，经济落后地区

的旅游业发展应强调网络化，即引导和支持旅游企业联合，培育旅游集团。宏观协调由国家出面，基础设施建设由当地政府引导，中观操作由集团承担，微观运营由企业自主，使政府导向与企业化、主要是集团化运作很好地结合起来。

### （二）以生态资源保护和优化为开发导向

传统旅游开发均以“资源”“客源”或“资源一客源”为其开发导向，并有许多成功的例子，但成、功的后面隐藏着一个危机即进一步发展的后劲不足，也就是旅游业的可持续发展性差。如云南的西双版纳，以其特有的热带雨林和傣族风情吸引国内外游客，但由于开发利用旅游资源过程中不注意保护其“绿色”自然环境和“原汁原味”的民族风情，旅游业出现了滑坡。保护生态资源是生态旅游可持续发展的关键。因此，经济落后地区发展生态旅游必须在开发民俗风情、历史文化、名胜古迹等旅游资源的同时保护和优化生态环境，这是经济落后地区发展生态旅游业的关键。

### （三）以“三优转化”为突破口进行产品开发

“三优转化”即以市场为导向，依托优势资源开发优势名牌产品，以优质名牌产品为龙头组建企业集团，发展优势产业，把优势产业培植成主导产业，带动全地区经济的起飞。“三优转化”的本质是资源与市场结合，而不单纯地强调市场导向。从旅游业发展规律看，一般区域旅游产品开发都要经历“资源开发阶段—模仿开发阶段—市场导向阶段—引导市场阶段”的过程，经济落后地区各地的旅游业发展虽然参差不齐，但基本上是处在前两个阶段。单纯强调市场导向，将不可避免地导致盲目模仿，低水平重复建设，顾此失彼，没有特色。旅游业若没有特色就不会有竞争力和生命力。经济落后地区有各具特色的生态旅游资源，充分依托资源优势，实现“三优转化”，开发出独具特色优势产品，就能把经济落后地区的生态旅游业做大做强。

### （四）空间布局上实行点式与点轴式相结合

经济落后地区地域辽阔，生态旅游资源分布很不平衡，不能单纯地依靠据点式或点轴式模式，要将二者结合起来，即依托王牌景区景点的优先发展，使其成为旅游业的增长极或游客集散中心，带动周边地区旅游业的兴起；依托著名旅游景区景点组织旅游线路，构造旅游产业带，进而带动相关地区旅游业的发展。

第五，实现资源投入、知识投入和资金投入三者并重。我们必须清楚地认识到，欲使经济落后地区的旅游业可持续发展，其开发的投入不应该只考虑单一的资金投入，资源及知识的投入也应一并考虑，形成生态旅游特有的“资源—知识—资金”(“三”)开发模式。资源是旅游业发展的基础，人们在认识上珍惜和保护资源及环境，实践上也应有部分资金用于维持和保护资源及环境。同时我们应该充分认识到生态旅游是一种资源导向型的旅游，需要策划和宣传，它的“增值”效应需要知识的支持和投入。第三是资金投入，没有资金的投入，旅游业的发展也就成了无源之水。在三大投入中，缺一不可，资源投入和知识投入是发展旅游业的前提因素，资金投入是保证因素。因此，在经济落后地区旅游开发过程中要资源投入、资金投入、知识投入并重，三者不可偏废，而且要充分重视旅游策划与宣传的重要性。

## 三、促进经济落后地区生态旅游业发展的对策分析

经济落后地区大多处在生态环境脆弱的地带，若不重视环境保护，就可能造成水土流失，生态环境破坏。为了造福子孙后代，使旅游业可持续发展，经济落后地区发展生态旅游一定要十分注意保护原本就很脆弱的生态环境，正确处理好经济效益和生态效益的关系，走生态旅游的发展道路，实现经济落后地区旅游业的可持续发展。实现旅游业的可持续发展必须注意以下几点：

### （一）突出特色，切忌盲目开发，着眼于长期发展

所请“特色”，即唯我独有的东西。包括两层含义：首先，就本区域资源特色而言，结合区内大型环境建设项目，如长江防护林体系建设工程、退耕还林还草工程、山川秀美工程、森林公园和自然保护区建设工程等，以“大生态旅游区”为主题。其次，就资源背景相同、客源同一的邻近地区而言，应尽量避免趋同性，做到“和而不同”，以便各区找准自己的定位，形成多元化消费的空间聚落，构建起互补共赢的良性市场关系。同时，还必须注意的是，并不是每一个具有相对丰富的旅游资源的经济落后地区都适宜开发旅游业。生态旅游开发是经济效益、社

会效益、生态效益并重的经济活动，一定要按照经济规律办事。从生态旅游资源的可持续性及生态旅游市场行情的不可持续性两方面考虑，区分“潜在生态旅游资源”和“可开发生态旅游资源”。有些地区虽具有良好的先天资源条件，但因其区位偏远，开发代价过大，而且收益很不确定，应暂时不作开发考虑，等到时机成熟，再开发不迟。否则，既浪费了资金，又破坏了生态系统的完整性，得不偿失。

### （二）打破行政区划界线，编制统一的生态旅游发展规划

旅游规划必须着眼于规划对象的综合整体优化，即必须从区域全局的高度研究生态旅游的开发问题，注重区域整体的作用，注重区域整体吸引培育，注重区域整体经济的发展。打破现有行政区域的界限，强化各县市区的联合，将“大市场”观念贯彻于整个规划中。充分利用各县市区各具特色的资源与环境条件，打造地区品牌，结成互惠共赢的利益共同体，组织主题突出、动静结合、丰富多彩的活动，实行客流互补、市场共享、最终谋求共同发展。

在总体规划的基础上，编制各级旅游规划，形成详细规划。详细规划必须按照总体规划赋予的性质、功能、规模、主题，客观地制定欲达到的目标和实施的具体方案、步骤、可行的途径等。与自然旅游的规划不同，生态旅游在功能区划分、景点开发、游路设计、游憩项目设置等方面应包含生态学思想和原则，同时兼顾时空特色，在实现可持续发展的目标下，根据资源整体和局部的承载容量、自然承载容量、社会承载容量等来确定其开发利用的强度及阈值，制定控制污染源、污染物处理的具体措施，制定必要服务设施及人造景观建设施工要求等，保证生物多样性的保护、景观多样性的维持及游憩空间多样性的创造。

### （三）实施“生态化”管理、服务与消费

旅游管理、服务与消费生态化是旅游业实现可持续发展目标的重要保证。由于我国经济落后地区生态环境脆弱，在开发过程中必须严格进行环境影响评价，科学测算合理的旅游数量或生态环境承受力，加强监测和疏导，建立大气质量、土壤质量、水质等有关指标的检测档案，在此基础上建立科学的环境保护标准，

防止环境污染和破坏。在进行严格管理的同时，为旅游主体提供高质量的旅游环境，遵循、享受生态美的旅游经历以及提供恰当的解决服务和接受服务也是生态旅游的必要内容。同时强化旅游主体的生态意识，对旅游主体的消费行为和消费习惯进行引导。并要求旅游主体进行一定限度的自我约束，即旅游者需求的满足要以不破坏生态环境为前提。

### （四）广辟筹资渠道，保证资金投入

开发生态旅游虽然比开发传统旅游所需要的基础设施建设项目相对少一些，但是生态旅游资源的深层次开发则需要强大的资本作为支撑。经济落后地区经济发展落后，对生态旅游开发的资金投入有限，使其难以大手笔、大动作地进行运作。当前，经济落后地区生态旅游开发除确保国家对重点项目的专项投资以外，还需要努力争取企业及外资等方面的一些多壳化的投资，必要时，还可以运用发行股票、债券等方式，筹集社会资金，更快地促进贫困生态旅游的大开发。

### （五）进行必要的基础设施建设，提高旅游地的可进入性

生态旅游区要接待旅游者，必须有满足游客基本生活需要的旅游配套设施。这些旅游配套设施主要包括两大类：其一是旅游基础设施，指旅游者在逗留期间必须依赖和利用的、旅游接待地不可缺少的设施，包括水、电、热、气的供应系统，废物、废水、废气的排污处理系统，安全、保卫系统，供电系统，道路系统等等，还有满足现代社会生活所需要的基本设施或条件，如应急医院、银行、食品店等；其二是旅游上层设施，这里主要指的就是住宿设施。在生态旅游区住宿设施的开发建设上，必须注意与周围自然景观相协调，以不破坏自然景观的美感特征为前提，以旅游资源的保护为前提，尽量减少现代化建筑，突出自然特色，甚至要与当地的风俗相结合，突出民族风格。

提高旅游地的可进入性主要指的是解决交通问题。因为大多数生态旅游资源都位于偏远地区，如山区、森林、沟谷、荒漠等，交通不便是普遍存在的问题。要发展生态旅游，就要有旅游者前来，而要让旅游者能够进得来，就离不开交通设施。所以，生态旅游开发对交通线路的通达性、交通方式的舒适性、便捷性和

安全性等都提出了较高的要求。在旅游趋路系统的设计与建设上，在交通工具的选择和使用上，都必须体现生态化原则。在对交通工具的选择和使用及管理上，也应考虑对生态环境的冲击，尽量开发和使用污染低、噪声小、占地面积小的交通工具，如电瓶车、畜力车、自行车等，以减少对环境的破坏。

### （六）生态旅游产品开发，一定要体现人与自然和谐的理念

要尽最大可能保持良好的生态环境及和谐的组合，如新鲜的空气、纯净的水源、辽阔的空间以及未被破坏的环境……生态旅游区内不宜多建人工景点，人造景观不仅不能体现生态旅游的主题，反而是对生态的破坏。修建必要的道路、桥梁、观景平台、公共厕所、游人休息处等，修建设施的建筑材料、建筑风格、家具、装修等都应有地方特色，反映地方传统文化。尽可能使用低污染的能源，采用绿色环保技术。要改善景区的可进入性，即大交通，但景区内的道路，即小交通，不宜改得太多，羊肠小道只要安全，曲曲弯弯更有趣味；石子小路，石板台阶，反倒更自然。应尽量不使用机动交通工具，优先选用步行、乘小船或骑自行车旅游。小交通过于便利，会缩短客人的停留时间，也影响产品的吸引力。

### （七）加强生态环境教育与管理

开发生态旅游要处理好开发与保护的关系，要研究如何进行资源的合理开发和利用，在帮助当地人民摆脱贫困的同时，保护生态环境和生态平衡。要教育所有从事生态旅游的人员，包括保护区韵地方政府、当地居民、经营者，树立环保3R理念：限制(Reduce)、再使用(Reuse)、再循环(Recycle)。要有意识地减少旅游活动可能带来的负面成本。生态旅游需要高质量的导游，导游要有生态旅游的意识和知识，要能够向游客描述和解释当地的自然与文化。对旅游者和潜在旅游者在旅行前进行生态旅游环境意识教育，如开办自然学校进行生态环境保护教育，增加环境意识；建立生态博物馆，进行生态导游等，使他们懂得作为一个旅游者，特别是生态旅游者必须履行的生态义务，奉行的生态道德，践行生态文明理念。

### （八）重视旅游促销，加强区域合作

“酒香也怕巷子深”，经济落后地区在旅游业发展过程中，一定要做好宣传工

作，要在北京、浙江、广东、香港、澳门等国内重点客源市场的新闻媒体推出经济落后地区旅游专题系列报道，以扩大宣传渠道。同时，提倡和支持以地方和企业出资为主进行地域旅游产品、资源特色、旅游线路、微观形象宣传，企业要更新经营理念，舍得在宣传促销方面投入，争取在激烈市场竞争中脱颖而出。在旅游宣传品的内容上，要针对市场需要制作，做到语种齐全、图文并茂、制作精美、吸引力强。此外，要加强区域联合，强化各省市的合作及全国其他地区的合作，要把经济落后地区各地的旅游产品组合起来，形成区域资源优势，以扩大旅游产品影响，提高宣传促销的效果。

### （九）充分发挥旅游业的带动优势，实现旅游扶贫

扶贫工作是一项宏大的系统工程，需要借助三大产业的合力。实践表明，将旅游开发与有效消除贫困有机地结合起来，这是保证当地旅游业可持续发展的关键所在。经济落后地区的综合开发必须利用旅游的内在扩张性，围绕生态旅游发展的要求进行建设，构建包括食品工业、土特食品加工、手工业品制作、特色农业观光、饭店业、商业等在内的一整套新型绿色体系。在第一产业方面，调整传统农业生产结构，大力发展旅游农业；在第二产业方面，以市场为导向，以种植业与旅游业为依托，构建资源加工工业体系；在第三产业方面，创办农工商一体化的经营服务组织，并开展农家游，发挥其旅游市场拾遗补阙作用，积极引导当地居民参与其中，增加当地居民的收入来源，使旅游扶贫的优势凸现出来。

### （十）建立旅游生态资源环境管理机构，切实加强旅游资源和生态环境保护

国家要尽快建立并强化旅游资源环境管理机构，对国有资源资产和生态环境进行有效管理。旅游资源环境管理机构主要负责制定有关旅游资产和生态环境管理的政策法规；组织对旅游资源资产的调查统计，负责动态管理；通过租赁、承包、拍卖、股份合作等形式，有偿转让旅游资源资产使用权，确保国有资源资产保值增值；调查旅游资源的毁损和生态环境的破坏状况，限令有关方面补偿和修复；对那些极其珍贵的历史文化旅游资源和濒于灭绝的自然生物旅游资源，直接行

使所有权的经营管理，并坚持谁损毁、谁赔偿，谁污染、谁治理的方针，征收的生产生活排污费和生态环境治理费应高于环境破坏损失和治理恢复所需要的成本。

### （十一）健全环境立法和制度建设，为生态旅游业的发展提供有力保障

旅游本身是一项产业，对环境的影响具有累积性，我国的生态旅游业目前还处在起步阶段，许多方面存在问题与挑战，尤其是对环境的影响和对资源的破坏较为严重，因此，加强生态旅游环境立法和制度建设，通过法律的手段来引导规范生态旅游沿着健康方向发展显得尤为重要。针对目前生态旅游区法制不健全的现象，应加快相关法律法规的制定，解决法制滞后的问题。建立健全有关的法律法规，填补相关领域的空白；借鉴发达国家和地区的成功经验，建立有效的环境监测标准体系，定期进行环境质量监督和评价。针对严重违法违规行为以及视法律形同虚设的现象，必须在改革体制机制的基础上，加大执法力度，并结合各种有效手段，真正做到有法必依、执法必严，切实运用法律武器保障我国生态旅游业的健康持续发展。

# 第八章　经济落后地区生态城镇建设

贫困问题的最核心问题，说到底是收入问题。目前，经济落后地区的人均收入远低于发达地区，且收入增长速度缓慢。保护生态环境、调整农业产业结构、发展旅游业、提高居民素质等措施是重要的，但不能解决经济落后地区人多地少这个基本矛盾。加快城镇化建设，提高城镇化水平，把大量农民转为城镇居民，从事第二、三产业，使直接从事农业的人口减少，相应地增加农民的人均资源占有量和非农收入，这是解决落后地区贫困问题的根本性出路。经济落后地区生态环境脆弱，在城镇建设过程中，如何有效解决城镇化、城市化进程中的环境问题，协调好城镇社会经济发展与生态环境保护的关系，避免走以往城市建设发展中出现的“先污染、后治理，先破坏、后保护”的老路。提高小城镇的环境质量，建设生态城镇，是经济落后地区实施可持续发展战略的一个重要内容，也是我国环境保护工作面临的一个新课题。

## 第一节　城镇化是经济落后地区现代化的必由之路

### 一、城镇化的内涵

#### （一）城镇化的定义

对于城镇化的含义，不同学科有着不同的理解。比如，人口学理论认为城镇化是农村人口不断转变为城镇人口的过程；地理学理论认为城镇化是农村地区转变为城镇地区的过程，是一种在地域空间上的转换；社会学理论认为城镇化主要表现为农村生活方式向城镇生活方式的转变，是一个变传统落后的乡村社会为现代的城镇社会的自然历史过程；从经济学角度看，城镇化则是由农村自然经济转变为城镇所代表的社会化大生产的过程，即是一种生产方式的转变。上述不同学科从不同侧面揭示了城镇化的本质特征，而城镇化现象，实际上正是由于生产力发展所导致的一系列社会经济现象的有机组合[①]。

综上所述，城镇化是社会生产力发展到一定程度后而引起的人类的生产方式、生活方式以及居住方式变革的过程，是在存在特定人口转移障碍的背景下，在推动农业现代化和农村工业化的同时，广大农村依托传统集市和行政中心，参照现代城市先进的经济、社会标准，发展中小城镇，从而实现农村剩余劳动力不断由农业转向非农产业，人口以及经济活动不断由农村向城镇集聚。

### （二）城镇化过程分析

城镇化是一个历史范畴，作为一种社会历史现象，它既是物质文明进步的体现，也是精神文明前进的动力。从本质上讲，城镇化过程就是农村要素向城市要素转化的过程，包括以下几个方面：

(1) 城镇化是农业人口不断转变为非农业人口的过程。

(2) 城镇化是农业劳动力不断转变为非农业劳动力的过程。

(3) 城镇化是第一产业流向第二、第三产业，第二、三产业人口不断向城镇聚集发展的过程。

(4) 城镇化是第一产业人口不断减少，第二、三产业人口不断增加的过程。

(5) 城镇化是农村地域不断转变为城镇地域的过程。

(6) 城镇化是农村自然景观不断转变为城镇建筑景观的过程。

(7) 城镇化是城市生活方式不断向农村扩散和传播的过程。

(8) 城镇化是农业文明不断向工业文明、现代文明转换的过程。

总体来看，城镇化的过程首先表现为农村人口和就业的城镇化过程。

### （三）城镇化的测度

城镇化是一种复杂的、持续的社会发展过程，也是衡里一个国家和地区经济、社会现代化程度的标志之一。城镇化的测度就是如何用一个“瞬间”的结果来反映一个国家或一个地区城镇化各种状况，用什么指标来进行国际间、地区间城镇

---

① 孙正林．破解中国农村城镇化的体制性障碍[M]．北京：社会科学文献出版社，2009：110．

化水平的比较。

城镇化水平可以通过城镇人口占总人口的比重、城镇劳动力构成、城镇三次产业的构成以及城镇人口收入水平、消费水平、教育水平等方面来反映。常用的城镇化水平测定指标有以下几种：

(1) 城镇化人口比例指标。这一指标是用城镇人口比例来表示一个国家或地区的城镇化水平。用公式可以表达为

城镇化水平=地区城镇人口专地区人口×100%

目前，世界性组织及各国在评价城镇化水平时采用的就是“人口比例”的城镇化水平指标，但城镇化是一个复杂的社会过程，单纯用城镇人口比重来测度会有一定的局限性，有时候不能反映城镇化的“质”和城镇化的抽象过程，在城镇人口比重相当的地区，可能在经济发达程度、基础设施水平上存在很大的差别。

(2) 城镇化速度指标。这一指标通常采用人口向城镇迁移、集中的速度指标，以城镇数量增长的速度作为参考性的指标。

(3) 城镇化质量指标。城镇化质量的衡量，一般应包括经济、社会、文化、环境等多方面。在我国常用的是城镇发展状况的综合评价方法，主要包括城镇经济、生态、居民生活、文化教育、医疗卫生、娱乐、交通等，其中每个指标又含有许多个具体的指标，如城镇生态中就包括绿化面积、废水废气排放总量及处理量、垃圾产生量及处理量、大气指数等。

### （四）城镇化特点

纵观中国城镇化50多年发展的进程和现状，可发现以下特点。

#### 1．城镇化起点低

城镇化与工业化过程相伴而行。一般来说，中国城镇化的起点确定在1949－1950年。按这一起点比较，我国城镇化比发达国家晚了大约100年，比发展中国家晚了20年，而且在同一时点上城镇化水平也是相当低的，1950年我国市镇人口比例为11.2%，比世界城市人口比例低17.2个百分点，比发达国家低40.6个百分点，比发展中国家低5个百分点。中国与世界其他国家城镇化起点时间及初期状况如表8-1所示。

表 8-1　中国与世界城镇化起步时间比较

| | 起点年份/年 | 起点期城市人口比例/(%) | 1950 年城市人口比例/(/%) |
|---|---|---|---|
| 中国 | 1949 | 10.6 | 11.2 |
| 世界 | 1900 | 13.3 | 28.4 |
| 发达国家 | 1850 | 11.4 | 51.4 |
| 发展中国家 | 1930 | 10.3 | 16.2 |

由于受政治形势、发展战略、产业政策的影响以及人口与资源特征的限制，城镇化发展起伏不定，波动较大。我国市镇人口历年来的增长率变化很大，城镇化进程波动大的特点是十分明显的，在世界上也是罕见的。

#### 2．城镇化滞后

中国人口基数巨大，城镇人口的绝对数也很大。但我国城镇化水平低、发展滞后的现象尤为突出，而且早在新中国成立之初就已经存在，并延续至今。这是我国城镇化的一个重要特征。我国城镇化滞后主要表现在以下几个方面：

(1) 与同等收入国家相比，我国城镇化水平明显偏低。

(2) 与产业结构变化相比，城乡人口结构变化滞后。

(3) 城镇基础设施和公用事业落后。经过改革开放后20多年的发展，城市基础设施和公用事业虽然有了极大的改善，但除了少数大都市和部分省会城市外，我国大多数城镇，特别是中西部地区的城镇，其基础设施和公用事业的建设仍非常落后。

### (五) 推动城镇化的因素

#### 1．农村工业化的推动

20世纪70年代末，中国农村率先进行了经济体制改革，实行了以家庭联产承包为主的责任制，农民获得了经营自主权，农村生产力得到了充分解放。但当时城乡隔绝的户籍管理制度却严重限制着农民进城就业和定居，在农村巨大的就业压力和农民强烈的致富愿望的双重作用下，中国出现了极具特色的农村工业化浪潮，即乡镇企业的崛起。到1996年，乡镇企业产值已占农村社会总产值的2/3乡镇企业的迅猛崛起，对中国的城镇化产生了强大的推动作用。它打破了“农村搞农业，城市搞工业”的传统观念，使农村第二、第三产业迅速发展。1987年农村非农产业的产值比重首次超过农业，农村非农产业与农业首次形成了农村经济的“二分天下”格局，此后连年上升，到1989年，农村第二产业(农村工业和农村建筑业)产值开始超过农村第一产业产值。1991年，农村工业的份额又开始超过了农业的份额；1992年，农村工业份额已经开始超过了50%大关。农村非农产业特别是农村工业的快速发展，加速了人口和经济要素的迅速集中。我国的乡镇企业大多都是劳动密集型企业，在促进人口集中方面有着特殊的效果。2001年全国乡镇企业职工人数达13 086万人，占乡村从业人员总数(49 085万人)的26.7%；同时乡镇企业也加速了资本、技术、信息等经济要素向乡镇工业小区区域内的转移。人口和经济要素的快速集中过程，实质上就是城镇化的发展过程。

### 2．农业剩余贡献的支撑

农业剩余的存在是城镇化推进的必要前提。这里所说的农业剩余既包括农产品的剩余，也包括农业劳动力和农业资本等的剩余，是一种广义的农业剩余。农业对城镇化的贡献，一是产品剩余贡献，即城镇化的推进需要农业为其提供充足、高质的食物和工业生产原料。随着经济的发展，尽管农业的就业份额、产值份额都在大幅度地下降，但人们所需要的食物仍然要来自于农业。同时，伴随着农村人口的非农化和城镇化，人们对食物在数量和质量上的需求也在不断提高。同时，农业部门提供的原料，也直接推进了城镇工业的发展，如果没有充足的原材料供应，工业的发展只能是“空中楼阁”。二是要素贡献，即城镇化的推进需要农业为其提供生产要素。城镇发展和扩张的过程实质上是资源重新配置，并在城市空间聚集、优化组合的过程，要求资源的不断增加和集聚。农业资源向外转移，是城市非农部门增加资源的基本途径。

### 3．产业比较利益的驱动

相对于第二、第三产业而言，农业是一个比较利益较低的弱质产业，要受到市场和自然两种风险的双重约束。由于比较利益的驱动，农业内部的资本、劳动力等生产要素，必然要在非农部门外在拉力和农业部门内在推力的双重作用下，流向非农业部门。早在17世纪中叶，英国古典政治经济学创始人威廉·配第在分析英国、荷兰等地农业、工业和商业活动时就明确指出，由于不同产业间比较利益的差别，将驱使劳动力从农业部门流向非农业部门。正如著名的配第-克拉克定律(Pety － Clark定律)所描述的那样：随着经济的发展，劳动力将首先从第一产业转向第二产业，并伴随着人均国民收入水平的进一步提高，逐步向第三产业转移[①]。劳动力在三次产业间分布的趋势是：随着经济发展，第一产业逐步减少，第二、第三产业相应增加。在实践过程中，伴随着劳动力在不同产业间的转移，也必然导致劳动力在空间分布上的重新配置。产业转移主要体现为从传统产业向现代产业、从农业向非农产业的转移；空间转移主要体现为由分散到集中、由农村流向城镇和城市的转移，产业结构的演进导致了经济的非农化和工业化，产业空间布局的转移导致了人口定居方式的聚集化、规模化，这实质上就是城镇化的发展过程。同时，当第二产业及人口的聚集程度达到第三产业大规模发展的“门槛条件”后，也将极大地促进第三产业的发展，从而使城镇化在三次产业比较利益的驱动下进一步成长起来。

### 4. 制度变迁的促进

(1) 政治意向影响。

政府意向和城镇化政策是推动城镇化进程的重要因素。城镇化既是一个经济现象，也是一种社会现象。因此，不能单从经济角度来解释城镇化的发展。城镇化还受一定时期政府意向和国家相关政策的强烈影响。1949年以来，我国实施了近30年的计划经济体制。1978年以后，我国对经济体制进行了改革，确定了社会主义商品经济的发展道路。随着改革开放的深入，我国又开始实施有中国特色的社会主义市场经济。从计划机制到市场机制的转变，我国宏观经济实现了高速的增长，但也走了不少弯路。处在这一变革过程之中的城镇化也自然会受到这一宏观背景的影响，使其呈现出显著的政策性色彩。近几年各地政府兴起推进城镇化的高潮，纷纷把城镇化作为重要的发展战略，并将其纳入各级政府近期和中期发

---

[①] 郭振，陈柳钦．中国农村城镇化与产业结构调整[M]．北京：中国社会科学出版社．2009：105．

展目标。

(2) 制度推进。

城乡割据制度的核心和起点是户籍制度，它对乡村人口向城镇流动起着最直接的控制作用。从2001年10月份开始，中国开始以两万多个小城镇为重点推行户籍制度改革，在小城镇拥有固定住所和合法收入的外来人口均可办理小城镇户口。除此之外，我国还对粮食市场。社会保障等方面出台了一系列的政策制度，这些都为推动城镇化作了必要的准备。

## 二、经济落后地区城镇化的科学认识

### （一）经济落后地区城镇化的意义

众所周知，经济落后地区的人口主要分布在农村，从事农业生产。改革开放30年来，我国农业和农村经济发展取得了举世瞩目的成就，农民生活有了极大的改善和提高。然而，随着改革的进一步深入，农业和农村经济发展中的一些深层次问题也日益凸显，其中最主要的表现就是当前的农民收入增长动力不足，增速减缓。如果农民收入增长问题得不到有效解决，不仅影响经济落后地区脱贫致富目标的实现，而且对我国21世纪经济发展战略目标的实现也将带来严重影响。

关于实现农民收入的稳定增长，大致有三种思路：第一种是实施农业保护政策，通过提高农产品价格来刺激提高农产品产量，从而增加农民收入，这是改革之初的做法，也取得了积极的成效。但是经济落后地区人多地少，土地生产能力低下，农产品的商品率不高，因此靠提价来增收的做法显然已经难以奏效。第二种是依靠调整农村内部产业结构，推进乡镇企业的发展来增加农民收入。20世纪80年代，一些地区的乡镇企业蓬勃发展并且成为农民收入提高的重要途径。但是经济落后地区一般地处偏远，交通不便，水电等基础设施建设落后，发展乡镇企业面临巨大的困难。因此，依靠乡镇企业的发展来增加农民收入，对于大部分经济落后地区而言是一条不现实的道路。第三种是立足于农村城镇与大中城市发展的协同，积极推进城镇化进程，在强调城乡工农业互补性的前提下，促成原来分散的人口、资源等要素向小城镇集中，以此带动农村剩余劳动力的转移，同时以市场为导向，推动农业和农村产业结构调整，提高比较效益，增加农民收入。笔者认为，这是目前促进经济落后地区农民就业，增加农民收入的有效途径。这是因为：

第一，城镇化的推进可以产生聚集效应，提高资源利用效率，降低成本，增加收入。

经济落后地区由于传统经济上以农(林)为主，使得人口呈分散居住的布局，加之土地大多为山地，分散程度更是大于平原地带的农民，就是经济落后地区的乡镇企业分布也是高度分散。由于人口居住和工农业生产布局分散，要素集聚度低，形成巨大的资源浪费。更为重要的是，分散引起生产者自身力量弱小，无法抵御瞬息万变的市场风险，只能成为市场价格的被动接受者，市场谈判能力弱化，生产者的交易成本也必然提高。生产成本和交易成本的上升，无疑对收入增长带来了极大的负面作用。城镇化的推进，使乡村人口和工业聚集于城镇，不仅能充分利用其所具有的房屋、道路、交通、商业网点、信息网络等设施，而且城镇具有资金、劳动力、技术、商业规模等条件，为经济发展提供了要素支持和市场空间。另外，伴随着城镇化的进程，大量农村剩余劳动力实现转移，使农村农民减少，加速了土地相对集中，农民在土地上的收入就可能增加。可见，城镇化的推进增强了资源的共享性，由此产生的聚集效应，提高了资源利用率，降低了生产成本。规模经营强化了生产者参与市场竞争的能力，有利于降低其交易成本，生产成本与交易成本降低，就会提高生产者的收益。

第二，城镇化的推进可以促成农村产业结构调整，生成新的就业空间，创造大量的就业岗位，增加创收机会。

经济落后地区农民收入增长缓慢与农村劳动力不能充分就业紧密相关。目前经济落后地区的城镇化水平比较低，不能有效带动第三产业发展以创造更多的就业岗位。目前我国经济落后地区农村劳动力约有2／3处于剩余状态，这是制约农民收入增长的关键因素。城镇化的推进是解决这一问题的根本途径，一方面因为小城镇吸纳劳动力就业的成本较大中城市低，据有关专家测算，大城市安排一个劳动力就业仅生产方面的投入就需要1.5万元，而小城镇仅需0.4万元；另一方面，小城镇的发展，可以带动乡村工业和乡村人口由分散走向集中，并逐步形成规模，由此为产业结构调整尤其是第三产业的发展创造条件。因为小城镇的人口和企业的增长，有利于商业、饮食、修理、交通、金融、保险、信息、文教等第三产业的发展，从而需要大量的从业人员。因此，积极推进城镇化，让广大剩余劳动力流向小城镇的非农产业部门，就地转移、就地消化，是扩大农村就业机会、增加农民收入的现实可行的途径。

第三，城镇化的推进可以发挥城镇“增长极”效应，促成农村区域经济增长，从而提高农民收入。

城镇化的核心在于促成农村人口向城市区域转移，改善生活条件，享受城市文明。但在我国，由于典型的二元经济结构的长期存在和改革进一步深入引致城市失业的显性化，使大中城市对农村剩余劳动力的吸纳能力下降。因此农民生活的改善更多只能依靠自己所在区域的经济发展来解决。根据区域发展理论，在一定区域内，经济发展具有非均衡性，在这个非均衡的系统中，总存在着支配性的区位。因此在不同的时期选择支配全局的优势区位发展经济可以事半功倍。因为优势区位的经济发展，可以通过极化效应使生产要素从非增长极向增长极集中，以提高资源的利用效率；还可以通过扩散效应使生产要素如资金、技术等从增长极向区域腹地分散，以起到对整个区域经济发展的带动作用。小城镇作为农村一定区域内资金、技术等各种生产要素的集中地和生活资料的集散地，具备发挥“增长极”效应的条件。因此，城镇化的推进，可以通过其发挥的增长极效应，使区域内资源得到最有效的利用，而随着城镇的进一步发展到一定程度后，又可以发挥扩散效应，向乡村扩散信息、技术和城市文明，有力地推动农村经济发展，提高农民生活水平。

### （二）经济落后地区城镇化建设的道路选择

经济落后地区的生态环境敏感性强、脆弱度高，环境的退化在人类的干扰下具有快速性、不可逆性、递增放大性等特点。因此，如何实现生态环境与经济社会的和谐发展对经济落后地区来说具有特别重要的意义。城镇化有利于资源要素的积聚，有利于区域生态环境的保护和优化，但城镇化过程同样是一种人与自然的关系调整过程，它对区域生态环境造成的压力在一段时期内将不可避免。因此，经济落后地区城镇化必须走生态城镇化发展道路，以实现人与自然的和谐相处，共生互惠。

### 1．城镇化和生态环境的关系分析

(1) 城镇发展对生态环境的胁迫效应分析。

经济落后地区植被破坏严重、水土流失和土地荒漠化加剧、干旱和沙尘暴等组合型气象灾害频繁，整体生态环境脆弱。如果在城镇规划和建设中不重视生态保护，就很可能使脆弱的生态体系雪上加霜，最终影响城镇的可持续发展。然而在现实中，经济落后地区不合理的城镇规划布局和城镇建设对区域生态环境的胁迫效应正以正反馈形式发展。如城镇人均建设用地指标过大、城镇用地布局混乱、市政公用设施缺乏、工业结构不合理、环保投入不足和环境污染严重，导致了生态服务功能及生态系统健康水平的持续下降，反过来又给城镇的持续发展造成严重威胁。因此，如何使原本就十分脆弱的生态环境在不继续恶化的同时得到改善，如何使城镇规划适应在经济落后地区脱贫致富和加速城市化战略背景下的城镇快速发展的需求，如何使自然生态环境最大限度地与人工生态环境融为一体等，这些都是经济落后地区城镇发展亟待解决的问题。

(2) 生态环境是城镇体系空间布局结构规划的客观基础。

城镇体系的空间格局与生态环境之间有非常密切的联系，导致城镇发展的各种要素与区域生态环境的各种要素总是处于一个统一体内，相互作用、相互影响。区域生态环境作为人工环境发展的自然基础和基本框架，提供了城镇发展的基本空间，支撑着城镇运行体系。可以说，生态环境是城镇体系空间布局结构规划的客观基础。其中，地形地貌和河流水系规定了城镇体系空间发展的主要结构，因为地形地貌条件不仅规定了区域的地面径流与水的运动方向，对太阳辐射、气候水热条件、在局部地段的再分配有着决定性的作用，也进一步决定了区域的土壤结构、植被群落组成结构与动物区系。而河流水系是城镇联系和发展的自然生态轴线，它不仅组成了区域内生态系统间交流的廊道，保护区域内正常的物质循环和能量流动体系，而且是城镇生存发展的基础。河流水系以及它们的边坡、洪泛平原，耕地，保护区，农田防护林和河岸的植被群落又为城镇发展提供了良好的景观要素。因此，在一定程度上，地形地貌条件和河流水系的分布构成了城镇和区域发展的最基础条件，深刻影响城镇的空间布局结构，比如平原地区、山地丘陵地区、水网地区、沙漠地区，往往表现出不同的城镇布局结构。

(3) 经济落后地区城镇建设有助于改善生态环境和维护区域生态安全。

经济落后地区有些地方生态脆弱，环境恶劣，不适合人类居住，还有一些林区、库区交通闭塞，脱贫难度较大。因此，政府应引导当地群众搬迁到适宜生存的城镇安居乐业，减少他们对山林、坡地、草场的过度开发、破坏，降低土地荷载量，使被破坏的生态系统获得恢复成为可能，减小泥石流、山洪等自然灾害的发生频率，从而实现小城镇及其周围生态环境的良性循环。另外，国家在经济落后地区实施的一些恢复地表植被、治理水土流失的生态工程，如退耕还林还草、水土保持、防风固沙等，这些工程的实施离不开城镇资金、技术上的支持。另一方面，要使这些生态工程发挥长远效益，从根本上改善生态环境，就必须大量减少所在地区的人口数量，减轻生态系统的负荷，其主要出路是有计划地将这些地区的居民逐步迁移到城镇或城郊，让他们从事第二、三产业或城郊农业，发挥城镇的集聚效应和规模效应，从而改善经济落后地区的生态环境并维护区域的生态安全。

经济落后地区生态环境的恶化将会影响全国的生态安全，基于这种情况，贫困城镇的建设实践活动必须和生态环境相适应。

### 2．生态城镇建设的内容与要求

生态型城镇的概念源于生态城市，是人们在对城市可持续发展的研究探索中提出的概念。1971年，联合国教科文组织提出了关于人类聚居地的生态综合研究，生态城市概念应运而生。这一城市概念和发展模式一经提出，就受到全球的广泛关注。20世纪后期，生态城市已被公认为21世纪城市建设模式。关于生态城市以及比生态城市外延更大的生态城镇的概念目前尚无明确定义，但近年来我国各地的媒体、文件频繁地使用“生态城市”“生态城镇”等概念。我们一般可将“生态城镇”理解为一个经济发展、社会进步、生态保护三者保持和谐，环境清洁、优美、舒适，能最大限度地持续发挥人类的创造力、生产力，并促使城镇文明程度不断提高的稳定、协调与永续发展的自然和人工环境复合系统。生态城镇包括以下八方面的内涵：一是制定可持续发展的城镇发展目标和城镇规划；二是严格控制城镇人口规模，提高人口素质；三是大力推行清洁生产，发展环保产业，倡导清洁消费；四是配备城镇清洁交通工具；五是搞好市区立体绿化；六是发展生态农业，改善城区周边环境，缓解市中心的生态压力；七是控制区域城镇密度，保护绿色城镇间隔；八是改进和完善城镇发展考核办法及指标体系。

生态城镇与普通城镇相比，具有以下特点：一是和谐性。生态城镇营造满足人类自身进化需求的环境，充满人情味，文化气息浓郁，富有生机与活力。二是高效性。生态城镇一改现代城镇高消费、高消耗、高污染、非循环的经济运行机制，提高一切资源的利用率，物尽其用，人尽其才，各施其能，各得其所。三是持续性。生态城镇以可持续发展思想为指导，合理配置资源，兼顾当代人与后代人的利益，公平地满足现代人与后代人在发展和环境方面的需要，拒绝用掠夺的方式促进城镇暂时的繁荣，保证其发展的健康、持续、协调。四是整体性。生态城镇不仅追求环境优美或自身繁荣，而且兼顾社会、经济和环境三者的整体利益；不仅重视经济发展与生态环境协调，而且重视人们生活质量的提高，是在整体协调的新秩序下寻求发展。五是区域性。生态城镇不是一个封闭的系统，而是一个与市郊及有关区域紧密相连的开放系统——城镇与城镇之间、城镇与乡村之间，形成互惠共生的网络系统。

生态城镇建设具体包括生态卫生建设、生态安全建设、生态产业建设、生态景观建设、生态文化建设等内容。生态卫生建设是利用生态学原理通过经济可行、与人友好的生态工程广泛回收和处理工业和生活废物、污水和垃圾，减少空气和噪声污染，以便为城镇居民提供一个整洁健康的环境。如在垃圾处理上实施分类处理，建立有机垃圾沼气池或利用有机垃圾发电，沼气和电用于照明，池渣送入农田作为有机肥料，使其多级利用，变废为宝。生态安全建设主要包括水安全、食物安全、居住安全、减灾和生命安全的建设，利用生态学原理和现代技术创造安全的生活条件。生态产业建设是利用城镇生态系统原理和现代生物技术、工业技术，使各产业在生产、消费、运输、还原各环节通过调控形成系统耦合，工业生产与周边农业生产及社会系统和谐统一，从而建设良性循环的现代工业产业。生态景观建设是利用系统的生态工程方法和现代建筑技术工艺，在坚持整合性、和谐性、流通性、自净性、安全性、多样性和可持续发展性相结合的基础上，搞好城镇的生态规划，建设生态建筑，减轻“热岛效应”、温室效应的危害，做到保护与开发并重，实现物理形态、生态功能和美学效果上的和谐统一。生态文化建设是利用城镇的人文景观、历史底蕴、管理体制、政策法规去影响人的价值取向、行为模式、引导人们积极向上，形成健康、文明的生产、消费方式。塑造新型的企业文化、消费文化、决策文化、社区文化、媒体文化和科技文化，实现生态硬件(资源、技术、人才、资金)、软件(规划、管理、体制、政策、法规)和心件(人的能力、素质、行为、观念)的“三件合一”，以促进人的全面发展。

## 三、生态城镇是经济落后地区实施可持续发展战略的必然选择

### (一) 建设生态城镇是全面建设小康社会的迫切要求

党的十六大提出了全面建设小康社会的宏伟目标，提出了要走“生产发展、生活富裕、生态良好”的可持续发展道路，建设生态城镇有利于经济落后地区城镇向绿化、净化、美化、活化的可持续发展方向演变，为社会经济发展创造天蓝、地绿、景美、生机勃勃、富有活力的生态基础，促进生态环境质量与现代化进程协调发展。

### (二) 建设生态城镇有利于促进经济落后地区传统经济的转型

经济落后地区由于地理及历史的原因，传统经济比重高。传统经济是一种资源耗量大、污染多、效益低的资源型经济，经济快速增长与资源开发利用、环境保护的矛盾十分突出。建设生态城镇，发展生态经济，可以从根本上整合和重新

配置环境资源，优化产业布局，调整产业结构，不断提升产业层次和经济质量，增强经济发展后劲。

#### （三）建设生态城镇有利于提升城镇的整体素质，增强城镇的竞争力

生态城镇建设实质上是以可持续发展战略作主线，实现经济发展、环境保护和社会和谐的统一过程。这有利于提升城镇的整体素质，增强城镇的竞争力，进一步发挥城镇的带动作用。

#### （四）建设生态城镇有利于培养城镇居民的生态消费意识

建设生态城镇要求摒弃盲目追求物质享受、破坏生态的不文明行为，崇尚环境良好、关人合一的和谐意识。人们的消费需求也得到不断扩展，由物质消费和精神消费拓展为物质消费、精神消费和生态消费。

#### （五）建设生态城镇有利于解决经济落后地区人口的生存和居住问题

经济落后地区生态环境脆弱，随着社会经济的发展、人口的增长，人类生存环境面临着前所未有的压力。建设生态城镇有利于物质、能量、信息的高效利用，有利于完善城市功能、美化城市环境，有利于不断改善人类的生存和居住条件。要解决城镇人口多、污染严重、基础设施建设同经济发展相比滞后等诸多问题，建设生态型城镇是唯一的选择。

## 第二节　经济落后地区城镇化的意义与面临的问题

### 一、我国城镇化进程中存在的问题

#### （一）对城镇化战略认识不足

我国城镇化经过50多年的发展，虽已取得了很大成就，并开始进入了高速发展时期，但在实践中仍存在许多战略认识上的不足。主要表现是：

(1) 对城镇化的认识没有上升到区域经济增长和优化产业结构级次的高度。

(2) 片面将城镇化局限于城镇建设或局限于小城镇建设，忽视对城镇支撑产业的培育和城市内涵的建设。

(3) 城镇化建设中的共性功能处于低层次，特色功能不明显。

城镇化的发展不是千篇一律的，战略上的正确认识是首位的、是关键，是城镇化健康、快速发展的指导思想。

### (二) 建设用地粗放

一些地区乡镇企业、村庄和小城镇空间布局犹如满天散落的星斗。过于分散的产业布局使农村工业布局分散化、人际关系亲缘化、经营管理封闭化。一是农村居民点占地较多，布局较为散乱，人均用地指标偏高，并且从建制镇、集镇到村庄呈增高态势。另外，受生产生活方式、传统思想观念及经济发展水平的约束，农村地区居住区建设还是一户一宅，村庄面积仍在向四周蔓延，而且，农村富余人口转移到城镇生活和工作后，宅基地和责任田因缺少相应配套政策，未能实现及时、有效转移，造成了村庄人均建设用地标准偏高、利用效益低等问题。

除少数城市外，我国多数城镇在发展过程中缺乏长远目标的规划，盲目发展。“求新，求异，求大”成了部分地区城镇化的目标，导致一些地区不顾实际的政治经济发展环境，互相攀比成风，不注重实效，大搞“形象工程”，因为缺乏长远规划，改建、重建现象较为严重，浪费人力、物力、财力，特别是稀缺的土地资源。

### (三) 城镇化发展动力不足

城镇化是在内在动力与外在动力共同作用下发展起来的。特别是近10年来我国城镇化快速发展，但较为明显的是发展动力不足。城镇化的内在动力，农业生产率的提高是关键，但我国农业生产率还比较低，不能满足城镇化发展的要求；吸收农村剩余劳动力的第二、三产业的迅速发展是城镇化的外在动力、有力的保障，特别是第三产业的发展，但我国国民经济产业结构升级缓慢，部分国企效益不佳，第三产业发展滞后，进一步激化了人多地少和农村劳动力过剩的矛盾，阻碍了城镇化的进一步快速发展。

### （四）存在体制障碍

从城镇化的要求来看，还存在许多体制障碍。主要是：

(1) 城乡二元结构仍然存在。

(2) 城乡互通的、发达的市场体系还没有建起，要素市场发展滞后，城乡之间的商品和要素合理流动受到限制。

(3) 户籍管理制度、住房制度、劳动就业制度，特别是社会保障机制改革较为滞后。

(4) 农村土地流转制度不畅通，严重束缚了农村劳动力向城镇以及第二、三产业的转移，致使城镇化发展受阻。

### （五）资金缺乏

农村地区城镇化缺少启动资金和建设维护资金，除沿海经济发达地区外，我国广大农村地区正处于由温饱向小康的转折时期，经济实力和财力有限，大多数地区城镇化发展资金缺口较大。城镇二、三产业的发展、基础设施建设及社会服务网络的建设都需要较大的启动资金及建设维护资金。我国在城镇建设中，多依靠政府投资，没有建立多元化的投资机制。政府的财力集中投资于大中城市建设，小城镇建设的政府投资也十分缺乏。尽管小城镇建设已经开始探索自筹、短期信贷或招商引资方式等多条途径。然而由于政府投资资金过度缺乏，难以发挥对社会资金的引导作用。城镇化资金来源缺乏保障，农村地区资金投入的短缺在很大程度上延缓了城镇化进程。

### （六）分配制度不合理

由于历史的原因，我国城乡分配制度一直存在巨大的“剪刀差”，如果“剪刀差”不除，在城镇化进一步发展的同时，以农为主的农民收入将更加萎缩，城乡收入的差距将继续扩大；如果不改革分配制度，城乡收入的差距就不能得到根本的解决，实现“共同富裕”也将成为一句空话。

### （七）城镇化发展不均衡

城镇化是与一定的经济发展阶段相适应的，因此经济发展水平的差异必然带来城镇化水平的差异，地区经济的非均衡发展必然带来城镇化进程的非均衡。我国地区经济差异明显，东部发展快于中部，中部快于西部，按照市场经济和城镇化的客观规律，经济发达的地区对城镇化的需求旺盛，同时经济不发达地区要求缩小差距的愿望也很强烈，若把握不当，必然会出现城镇建设投资低效益，甚至会造成小城镇“空壳化”的现象。如何协调经济相对发达和欠发达地区在城镇化特别是城镇建设上的不同需求，既做到保证重点又做到区域差距逐年缩小，进而加快城镇化进程，是一个不能回避的问题。

### （八）城镇分散

小城镇缺乏产业支撑，资金投入滞后于城镇发展需求。城镇基础设施水平低，交通、通信、娱乐、教育、体育、卫生、金融等公共设施短缺，严重制约了城镇经济发展的要求。城镇管理力度不够，规划滞后，大部分城镇缺乏现代文明气息，甚至存在“脏”“乱”“差”现象。小城镇发展存在“人才短缺”“劳动力剩余”的矛盾。小城镇建设中需要的管理人才、企业生产发展需要的专业技术人才和农村科技推广需要的农机人才缺乏。

乡镇企业在发展初期之所以布局分散，就其自身原因而言，主要是因为乡镇企业在起步初期经济实力太小，必须借助所在社区的土地、房屋等资源和社会关系的支持才能生存：从事非农产业的农民也必须兼顾农业和生活水平。

## 三、经济落后地区生态城镇建设中存在的现实问题

生态城镇是一个经济发展与生态保护实现和谐统一的自然和人工环境复合系统，这在近年来经济落后地区的城镇化过程中已经形成广泛共识。但多年来，经济落后地区由于未能真正实现城镇建设与生态环境同步规划、同步实施、同步发展，因而带来了诸多问题，环境污染日趋严重，生态环境遭到不同程度的破坏，对人民群众的身体健康构成威胁，同时制约了经济发展。目前，经济落后地区生态城镇建设主要存在以下困难与问题。

### (一)建设规划不合理,布局紊乱,不符合生态环境保护的要求

经济落后地区城镇的形成不外乎两个原因,一是由于人口集聚区发展而成,二是由行政命令而建立。经济落后地区的现有城镇更多是在人口积聚区的基础上形成而通过行政命令确认建制。它们的形成都有其先天不足,形成之初,缺乏统一规划,无论是单个城镇还是区域范围内的分布,都不曾进行充分调研,科学规划,统一部署。在整个县域范围内,城镇空间布局不合理,缺乏等级规模之分,功能具有相似性,没有重点和中心。而作为单个城镇来讲,同样缺乏规划,城镇布局零乱,功能区不明确,发展空间不足,总体布局不符合生态要求。

由于缺乏统一规划,作为城镇基础产业的乡镇企业,布局分散,不仅大量占用耕地,浪费资源,而且造成的环境污染也由点到面不断扩散,呈逐步扩大的趋势,严重影响农地质量,造成了环境污染和生态恶化,并且由于空间集聚度太低,制约了环境保护产业的发展。由于缺乏科学规划,布局紊乱,造成生产企业和居民区交织在一起,既不利于企业的生产,又容易给居民生活造成污染。即使有些城镇制定了建设规划,但规划水平较低,缺乏长远打算,往往一两年就落后于发展需要,造成低水平建设和人力、物力的浪费,难以解决环境和生态问题。

### (二)建设资金不足,环境保护设施普遍缺乏

目前我国环境保护资金的投入重点仍然是工业污染、城市污染,主要是大中城市的污染和生态环境的保护。小城镇的建设资金,基本上是小城镇自己筹集的,国家投入很少。城镇建设资金,特别是基础设施建设资金的短缺,已经成为制约小城镇建设与发展的瓶颈。在环境保护设施方面,经济落后地区城镇的问题更多。经济落后地区单个城镇规模小,经济实力有限,缺乏环境污染治理的专业设施和技术人员,污染防治的基础设施也严重不足,污染物总量和污染程度都低于大中城市,其很难具备与大中城市相似的环保条件。除少数工业型、工贸型城镇外,绝大多数城镇的主要污染源是居民生活、乡镇企业“三废”和第三产业如餐饮业等带来的污染。除少数城镇有污水处理厂外,绝大多数小城镇没有污水处理设备

和垃圾处理设备。由于环境建设跟不上经济发展，城镇的环境质量指标呈下降的趋势，同日益提高的社会环境意识产生尖锐的矛盾，污染纠纷、信访不断增加。

### （三）管理机构不健全，生态环境质量不如人意

小城镇的建设资金不足、环境保护设施普遍缺乏，环境管理工作方面也得不到应有重视。小城镇环境管理机构不健全，而且其环保机构执法的法律依据也不充分。环境保护法的处罚权只限于县级以上环保部门，对于一些人口多、工农业总产值高的城镇，环保机构依法进行环境监督管理的权力有限。小城镇的环境管理工作主要依靠县、镇两级环境保护主管部门负责。而这两级基层环境保护部门的机构、人员素质、技术设备远远跟不上客观形势的要求，特别是在广大小城镇一级基本上没有环境保护机构。

由于环保机构缺失，企业在生产过中排放的各类有害污水、废气，长期得不到有效治理，环境纠纷逐年增加，由此而引发的一些事件已经开始影响到社会安定。此外，因为我国小城镇的环境基础设施落后，对废水和垃圾处理能力弱、处理率低，因此小城镇的生活型环境污染也比较严重。在经济落后地区小城镇中，优质燃料的使用机会比发达地区大中城市低，清洁能源更少，不少小城镇生活燃料还是以秸秆、薪材为主。这种能源结构使小城镇的煤烟污染长期恶化成为当地大气污染的主要源头。

城镇周边农村生产和生活污染日益严重，特别是随着现代农业的发展：农药、化肥、农膜对农产品的污染，村镇产生的生活污染，规模化畜禽养殖污染等问题日益突出，在一定程度上制约了城镇环境质量的改善。

### （四）基础设施和公共服务设施滞后

由于历史原因，目前的小城镇大多数是在以前集镇的基础上发展起来的，在城镇建设过程中，忽视道路交通建设，城镇与城镇之间缺乏必要的交通联系，路网结构不合理，城镇道路状况较差，交通混乱，缺乏必要的绿化。城镇与村庄道路不能很好地衔接，甚或缺失。道路两旁建筑缺乏特色，没有进行统一布局。基础设施薄弱，如城市的排水、供水设施不足，水质不达标，抗旱抗涝设施缺乏等。

近年来，经济落后地区城镇的基础设施不断改善，但整体规划水平不高，缺乏城镇基础设施统筹规划，各自为政、自成一统。道路缺乏铺装，给水普及率和排水管线覆盖率低，建设普遍滞后，“欠账”严重，建设不配套，环境质量不如人意。

### （五）工业产业结构不合理、资源利用水平较低，防治污染的能力差

经济落后地区的乡镇工业较多的是被动地接受城市产业结构调整的辐射，现实条件的限制使城镇成了周边大中城市转移工业污染源的场所，再加上缺乏合理的规划和布局，造成占地增加、能源利用率低、污染难以治理，如小城镇万元工业产值耗水、耗能大大高于周边大中城市，单位面积的经济产出普遍较低，使得小城镇的排污量与经济规模呈同步增长之势，一个小厂污染一条河流、一根烟囱影响一片居民区的现象时有发生。

### （六）管理人员专业素质低，人们的生态意识比较薄弱

经济落后地区的城镇管理人员多为刚从部队转业的复退军人，或是一些从村干部岗位退居二线的老同志，这些人员大多未经过专业培训，业务不熟，文化水平偏低，难以胜任生态城镇建设与管理的繁重任务。

## 第三节　推进经济落后地区生态城镇建设的对策思考

## 一、以小城镇为依托，加快经济落后地区城镇化

小城镇是一种比农村社区高一层次的社会实体，它是新型的正在从乡村性的社区变成多种产业并存的向着现代化城市社区转变过程中的过渡性社区，它基本上已脱离了乡村社区的性质，但还没有完成城市化过程。无论从地域、人口、经济、环境等因素看，小城镇既具有与农村相异的特点，又与周围农村保持着不可缺少的联系。但从充分吸收农村剩余劳动力、发展农村经济、提高农民收入这个角度看，小城镇又具有大中城市所无法比拟的优势。当前，通过加快小城镇建设推进城镇化进程，以下几方面工作是至关重要的：

### （一）确定城镇建设的重点

分地区看，全国小城镇的发展极不平衡，必须坚持因地制宜、分类指导的方针，把城关镇作为小城镇建设的重点。首先，城关镇发展的历史比较悠久，有的已有几百年甚至几千年的历史，一直是全县(市)经济、政治和文化的中心，发展的基础条件好。其次，城关镇作为县级政府所在地，其建设状况不能不受到县市领导的关注，能够集中全县的财力、物力进行建设。这个环节注意建设规模要适度。要根据当地社会经济发展状况，第二、第三产业发展前景来考虑其规模大小；还要依据所在地乡村剩余劳动力转移的前景来考虑小城镇建设发展规模；与此同时，要依据小城镇对工业品的需求量，小城镇对城乡贸易的集聚量，从农村市场的拓展、农村经济发展前景规模上考虑小城镇发展规模。

### （二）集中乡镇企业

由于城乡分割的计划经济体制的作用，乡镇企业的初始发展是以布局分散即“遍地开花”为特征的。这种发展方式在充分利用农民手中的闲散资金上具有不可替代的作用，但随着乡镇企业总量的不断增长，这种发展方式开始成为农村工业化进一步发展所难以逾越的障碍。以工业为主的乡镇企业发展，具有规模经济特点和外部效益的要求，这种内在要求不仅表现在工业集中在一定地域，还要求生产过程中能提供一切专业化和社会化的服务，以尽可能地降低经济活动的交易成本。小城镇正好是这种社会化服务设施在一定地区的集中，因而乡镇企业向小城镇集中连片并依托小城镇发展便势在必行。

### （三）小城镇社区建设

管理体制是制约城镇化进一步发展的重要障碍因素。现行小城镇行政管理体制计划经济体制的色彩较浓。在市场化改革逐步深化、社会主义市场经济体制逐步建立过程中，小城镇管理体制存在的问题越来越突出，这就要求加强农村管理体制建设，其中最重要的是加强农村社区建设。

#### 1．基础设施建设

基础设施建设水平直接关系到社区居民的生产生活状况。然而，由于多方面因素的影响，农村基础设施普遍比较落后，比如乡村公路等级偏低、山区及偏远地区通达率较低；农田水利设施薄弱，抗灾减灾能力较低；能源基础设施比较薄弱等等。要搞好农业生产、提高农民收入、改善农民生活环境，必须全面进行基础设施建设。除加快建设水灌溉、人畜饮水、乡村道路、农村沼气、农村水电、草场围栏等“六小工程”外，还应注重住宅规划与净化、环境整治等基础设施建设。

#### 2. 公共服务建设

一是行政管理服务。针对农村居民所需的公共行政服务，应本着以人为本的原则，通过设立行政服务中心，提供就近、便利的行政服务。二是农技推广服务。针对不同地方农村社区对农业科技的需求状况，提供诸如农技咨询、农资供应、小农具维修等服务。三是商品购销服务。统一购货渠道，严格审查商品质量、监督检查，让农民能够购买到真正的放心商品；同时，将农产品销售信息进行广泛宣传，吸引商家。四是文化服务。在物质生活不断提高的同时，必须提高农民的精神文化生活水平。为此，农村社区应通过兴建社区学校、社区图书室、阅览室、老年活动室等，来提供诸如学习培训、文化娱乐等服务。五是治安服务。设立警务室，开展法律咨询、民事调解、日夜巡查等活动，切实维护社区社会治安稳定。

### (四) 财政体制建设

小城镇财政，作为政府管理小城镇社区社会集中性资金的职能部门，作为国家财政联系广大农村、城镇的桥梁和纽带，在小城镇改革和发展中占有举足轻重的地位，发挥着不可替代的作用。尤其在当前小城镇基础设。改革小城镇财政体制。

#### 1. 完善小城镇财政管理机构

这是建立一级财政的最基本条件，需要做大量的工作，其中最主要的就是在小城镇建立由镇政府直接管理的税收机构，负责镇域内的税收工作。为了避免机构重复设置和增加镇财政负担，可以实行镇财政机构与税收机构合一设置的办法，对内一个机构，内部通过合理分工达到运转高效、职能健全的目标。对外可以是一块牌子，即“某某镇财税分局(所)”：也可以是两块牌子，即财、税在名称上分开。财税机构合一后，业务上由县(市、区)财政部门和税务部门归口指导，行政上由镇政府领导。机构设置问题解决后，可以考虑在建制镇建立和完善金库制度。

2．改革小城镇财政管理体制

要从搞活财源、调动镇政府发展经济的积极性出发，建立新型的县(市、区)对镇财政分配体制，保证小城镇建设资金的预算内来源。要按照兼顾县镇利益、充分调动县镇两个积极性的原则，本着“富县先富镇”的精神，正确处理县与镇的则政分配关系；真正体现镇事镇办、财权与事权相结合、动力与压力相结合，充分调动镇政府当家理则、开辟财源、发展经济的积极性、主动性和创造性。当然，在县镇则政的具体分配比例上，要体现坚持区别对待、分类指导的原则，立足实际，因地制宜，不搞“一刀切”。

3．积极推进农村税费改革

将目前向农民收取的乡镇统筹和村提留改为以税收的形式由镇税务部门征收，并将其作为镇的地方性固定收入，由镇财政统一管理，设置专户，建立专账；各项支出按照不同情况实行拨款、报账和直接管理等管理方式。

4．加强小城镇预算决算管理

要按照财政统一管理预算内和各种预算外资金的要求，以及预算的统一性和完整性原则，把小城镇当年的全部收支都纳入预算管理，并建立、健全定期向镇人代会报告预算编制和执行情况制度，小城镇的预决算要在人代会的监督下进行，从而使小城镇财政活动逐渐走向制度化、法制化、规范化的轨道。

## (五) 投融资体系建设

当前，绝大部分小城镇建设仍然以镇财政投资为主，这是小城镇建设进展缓慢的重要原因。改革的方向是坚持多渠道、多方面筹集资金，逐步建立起集体和个人投资为主，国家、地方、集体、个人、企业(包括外资企业)共同投资建城、兴城的多元化投资体系。主要内容如下。

1．政府投资

政府投资应该主要用于引导小城镇的发展方向，引导其他主体的投资。政府投资包括两大部分，一是小城镇政府，其财政节余主要用于城镇基础设施建设。二是县级以上政府，建议设立小城镇建设专项资金，用于重点小城镇的建设。尤其是中央政府和省级政府的专项资金，应该主要用于试点和示范小城镇的建设，取得经验后向一般小城镇推广。

2．银行扶持

建设银行应设立专项资金用于小城镇基础设施建设，借贷的主体可以是镇村集体经济组织，也可以是内资或外资企业，但这部分资金不能用于小城镇基础设施建设以外的其他用途。因此，银行应对这笔资金的具体用途作出严格规定，如道路、给排水设施、饮水设施等。其他银行也可以设立这方面的专项资金。

3．鼓励灵活投资

拓宽融资渠道，确保资金到位。资金问题是确保小城镇尤其是中西部小城镇发展的一个关键问题。解决这一问题最重要的是把小城镇建设推向市场，实行投资主体多元化、投资行为市场化，按照“谁投资、谁受益”的原则，在政府引导下主要通过发挥市场机制的作用，吸引社会各方面力量参与城镇建设开发，一是借用民力，通过制定优惠政策，吸引先富起来的商人、企业家以及社会闲散资金前来投资；二是挖掘地力，用足用好市政公用设施有偿命名的各项政策。实行土地有偿使用制度，盘活土地存量，走以地生财，以地招商，滚动发展的路子。

## （六）社会保障制度建设

社会保障制度关系到广大人民的切身利益，也是难度较大的改革领域。当前，社会保障体系正在城市中逐步建立和完善，至于如何建立有利于小城镇长远发展的社会保障制度，则完全是一个崭新的课题，目前尚处于探索阶段。小城镇社会保障制度的建立，不能完全照搬城市社会保障制度，要适应小城镇人口的特点，但在条件具备时要向逐渐向城市社会保障制度过渡。

1．养老保险制度改革

小城镇的养老保险包括三大块：国有企业职工、乡镇企业职工和农民。

(1) 国有企业职工。

对于国有企业职工的养老保险最终要实行全国政策统一的城镇职工养老保险制度。具体说来，其基本养老保险要实行社会统筹和个人账户相结合，由保险部门为参加者每人建立一个终身不变的基本养老个人账户。基本养老保险费用由企业和个人共同负担。

(2) 乡镇企业职工。

由于小城镇实行户籍制度改革，大部分居民是新进城的农民。这部分人大多在乡镇企业就业，不在现行城镇职工养老保险覆盖范围之内。目前，绝大部分小城镇包括试点镇都没有重视这一问题，必然会对小城镇经济的进一步发展造成制度障碍。解决这一问题可以分两步走，首先，把基本养老的范围扩大到建制镇。只要在建制镇镇区就业的职工，不管是乡镇企业，还是其他非国有企业，都应该享受国家规定的基本养老保险，保险费用由企业和职工共同承担。

(3) 农民。

小城镇中相当一部分居民仍然是农民，并且从事农业生产。这部分居民由于以土地作为基本生产资料，不宜按照城市职工的办法确定养老金。但也应该看到，相当一部分农民对养老保险有强烈的需求，可以逐步推行商业保险的模式，在农民自愿的基础上，坚持个人缴费为主、集体补助为辅、国家予以政策扶持的原则，自助为主，互济为辅，储备积累，建立个人账户，允许携带转移。

### 2. 医疗保险制度改革

城镇职工的医疗保险制度改革要遵循社会统筹与个人账户相结合的原则，建立起医患双方的制约机制，既保证基本医疗，又避免医疗资源的浪费。具体说来：

(1) 医疗保险费用由用人单位和个人共同负担，个人负担的比例根据经济发展状况逐步提高；

(2) 医疗保险费记入个人账户，专款专用；

(3) 个人看病首先由个人账户支付，不够时由社会统筹基金支付，但个人仍然要负担一定比例。

### （七）社会救济和社会福利制度建设

由于多种因素的制约，目前仍有一部分农民生活十分困难，这不仅不利于深化农村改革和农村经济的可持续发展，而且不利于整个经济和社会的协调发展，建立和完善农村社会保障体系势在必行。

#### 1．小城镇的社会救济

小城镇的社会救济要更多地运用生产自救、以工代赈、科技扶贫等积极救助方式，发扬贫困者自力更生的精神。要尽快建立小城镇最低生活保障线制度，这是一项由政府主导实行的解决城镇低收入阶层生活困难和保护孤老病残等特殊群体合法权益的生活救助制度，是社会保障体系的基础工程。最低生活保障线的确定是一项复杂的系统工程，可以参照目前已经实施城市的计算办法，结合每个小城镇的具体生活标准来制定。

#### 2．小城镇的社会福利

包括城镇社会福利、残疾人劳动就业和社区服务。要进一步改变国家包办社会福利的做法，广泛动员社会力量，尤其要发挥小城镇乡镇企业集中的优势，不断增强集体经济实力。要多渠道、多层次、多种形式兴办社会福利事业。坚持深化改革、转变机制、坚强管理、提高服务质量，不断增强自我发展能力。

### （八）加强民主法制建设

#### 1．村民自治制度，让农民当家作主

一是继续推进以村民自治为基础的基层民主政治建设。继续完善和实施有关村民自治的法律法规，把村民委员会组织法作为农村普法教育的重点。坚持“四民主、两公开”，切实保障农民的政治权利。二是立足村民自治制度，解决农村热点、难点和涉农重大问题。农村社区内的重大事情由农民集体讨论决定，建立完善的村务决策、管理、监督制度，发挥民主，形成合力。

#### 2．宣传现代民主法治意识，引导农民树立法治、民主参与的理念与价值取向

一是从与农民生产生活息息相关的法律知识与文化宣传入手，使依法办事成

为人们思维和行为的自觉行为。二是维护农民的合法权益。抓住农民最关心的问题，围绕维护农民的合法权益，开展法律宣传、咨询和服务，把民事纠纷往依法解决的轨道上引导。

#### 3. 农村社区依法治理，维护农村法治秩序

一是改善农村社区执法环境。结合农村普法教育与本地实际，切实依法解决好村务管理、计划生育、廉政建设、侵犯农民合法权益等热点、难点问题，树立法治权威。二是加强社区治安综合治理，维护农村社会稳定。充分发挥司法所、综治办和人民调解组织在农村社区的作用，健全矛盾纠纷排查调处工作机制，把人民调解、行政调解和司法调解结合起来，将矛盾化解在萌芽状态。

### （九）重视生态环境保护

小城镇建设与环境保护有机结合，是实施社会经济可持续发展战略中的一个根本问题。社会发展依赖于环境，同时也受制于环境。环境遭受破坏，环境质量恶化，社会经济发展必然要付出沉重代价。我国幅员辽阔，人口压力大，作为实现城镇化、现代化的一大特色的小城镇建设，必须考虑环境科学要求，把环境保护列为小城镇建设的一项重要内容通盘考虑，以发挥小城镇环境优美、交通便利、居住安定、设施相对完善、文明程度较高的优点。

### （十）重视落后地区教育发展

#### 1. 巩固九年义务教育制度

贯彻实施义务教育法，普及和巩固九年义务教育，从目前来看，农村教育的主要任务仍然是普及和巩固义务教育、落实义务教育经费保障新机制、提高农村义务教育阶段中小学公用经费保障水平、如期实现西部地区“两基”攻坚目标，要发展农村学前教育，重视发展儿童早期教育。

#### 2. 推进农村义务教育的均衡发展

要加大政府对农村困难地区和困难家庭以及女童入学的支持力度，加大东部地区对西部地区农村教育发展的支持力度，“做好各地区城市对农村学校的对口

支援工作，努力缩小地区、城乡之间的差距”。并正式提出要“以输入地全日制公办中小学为主，与所在城市学生享受同等政策，解决农民工义务教育阶段子女入学问题；解决好农民工托留在当地子女的教育问题”。

**3．改善农村学校的办学条件**

国家将进一步落实农村义务教育阶段中小学校舍维修改造长效机制，确保校舍安全。加强基本办学条件建设，使所有农村中小学具备基本的校园、校舍、教学设备、图书和体育活动设施。实施中西部农村初中校舍改造工程和新农村卫生校园建设工程，逐步解决超大额班问题，加强农村学校的食堂、饮水设施和厕所建设，改善卫生条件。继续推进农村中小学现代远程教育工程，使所有农村初中具备计算机教室，所有农村小学具备卫星教学接收和播放系统，普及利用光盘教学或辅助教学，基本建成遍及乡村学校的远程教育网络。

**4．构建农村现代化教育体系**

加快构建农村现代化教育体系，积极推进学习型社会建设。

(1) 将逐步完善农民的终身教育体系，这是一个长期的工程，终身教育依赖于一个良好的制度环境，因此，要在农村营造良好的学习氛围，开展适合农民需要的学习活动，积极推进学习型社会在农村的建设。

(2) 会加快教育信息化的步伐，特别是对年轻一代的农民来说，要使他们逐步跟得上信息化社会的发展步伐。当然，学习的形式可以是灵活多样的，也可以先进行一些有益的尝试。

**5．加大教育经费投入**

(1) 加大公共财政对教育的投入力度。要明确各级政府提供教育公共服务的职责，并按照建立公共财政体制的要求，将教育列入公共财政支出的重点领域。各级政府要依法落实教育经费的“三个增长”，财政年度预算和执行结果都要达到教育经费支出的法定增长水平，并确保财政性教育经费增长幅度明显高于财政经常性收入增长幅度，逐步使财政性教育经费占国内生产总值的比例达到4%。

(2) 完善教育经费保障机制。政府对义务教育负全责，逐步将义务教育全面纳入公共财政保障范围，建立和完善中央和地方政府分项目、按比例分担的农村义务教育经费保障机制。高中教育以政府投入。

## 二、以生态城镇建设为原则，推动经济落后地区可持续发展

生态城镇建设并不是单单追求人口的积聚、经济的发展或自身的繁荣，而是必须兼顾社会、经济和环境三者的整体效益，做到物尽其用，地尽其利，人尽其才，各施其能，各得其所，人、物质、能源得到多层次分级利用，各行业、各部门之间的共生协调，在整体协调的新秩序中谋求更大、更快的发展。

### （一）解放思想，转变观念，树立可持续发展理念，全面推进生态城镇建设

#### 1．树立正确的城镇发展理念

正确的发展理念和建设方针是实现生态城镇建设顺利进行的前提。应该看到，经济落后地区的城镇化在促进经济增长的同时，给城镇的生态环境造成了很大的压力。经济落后地区的城镇建设应该坚定不移地采用可持续发展模式，探索和研究生态城镇建设之路，使得经济发展、社会繁荣、生态环境保护三者高度和谐，从而最大限度地发挥人的创造力。

#### 2．加强领导，更新观念，提高水平

决策者、建设者和管理者要高度重视城镇的生态环境问题，将生态环境保护贯穿于城镇的规划、建设和管理之中，围绕建设生态城镇这一目标，采取切实有效措施，尽量避免和克服短期行为，防止片面追求经济效益而造成的资源和环境的破坏，影响今后的长远发展。各级党委、政府是生态城镇建设的第一责任人，把加快生态城镇建设真正摆上各级重要工作议程，做到目标明确、任务落实、责任到人。生态城镇建设是一项复杂的工作，各部门必须在实践过程中不断总结和思考，逐步认识并把握其发展规律，不断提高驾驭建设生态城镇的综合能力，减少和避免失误。

#### 3．提高人民群众的环境保护意识

环境保护是全社会的工作，应充分发挥人民群众的主观能动性。充分发挥新

闻媒体作用，结合各地的生态环境特点，采取多种形式、多种渠道积极宣传国家环保政策，着力培养城镇居民的环境意识、卫生意识、法律意识、社会公德意识，增强人口综合素质，提高人们共同投身于环境保护工作的积极性。

## （二）科学规划，合理布局，运用生态系统的原理指导生态城镇建设

### 1. 邀请高资质的规划设计单位承担生态城镇总体规划、详细规划和单体设计

做到定性准确、定量适度、功能齐全、布局合理、环境优美、特色鲜明。要严格执行生态城镇规划设计的技术评审制度，不经评审，一律不得审批。确保规划科学性与可操作性的统一。尽快建立起群众参与、专家论证、政府决策相结合的规划建设科学决策机制，从根本上解决生态城镇建设的盲目性。保证规划在生态城镇建设中的前导作用：树立规划的严肃性，坚持规划的适度超前性，克服项目随意改变规划、规划脱离实际的弊端。

### 2. 生态城镇规划要体现生态经济的基本原则

生态城镇建设要体现经济与自然的协调，体现人与自然的和谐，人与社会文化的融合，人的本性的全面发展。要对城镇的体型、空间环境，包括城镇的各类建筑、公用设施、园林小区等作出整体综合的构思与设计，体现城镇功能多方面的要求。要着眼于整个区域的经济、环境大局，以生态系统的协调发展为原则，将区域农业发展区、水土保持重点恢复区等生态功能区划与生态城镇规划结合起来，正确处理城镇与农村、生产与生活、局部与整体的关系。

### 3. 注重特色，建成特色鲜明的小城镇

坚持生态城镇建设的特色性，围绕产业求特色，利用环境创特色，从根本上改变发展趋同、千镇一面、千篇一律现象。各城镇的建设规划在符合市县国民经济和社会发展总体规划，符合自然环境、资源条件、现实状况和未来发展需要的基础上，要特别注意保护文物古迹以及具有明显地方特色的文化自然景观，充分挖掘城镇文化内涵，努力提高城镇文化品位，建成特色鲜明的生态城镇。

#### 4．强化小城镇的绿化建设，做好绿化规划

在建设生态城镇的过程中注重绿化的生态系统，保证规划所确定的绿地不被占用，在城镇周围要大力发展生态农业，使城镇建设和环境协调发展。同时，要大力发展绿色农业，开发旅游资源，推广生态旅游，整治乡镇企业污染，防止生态退化，保护生态环境。

### (三) 合理配置城镇资源，在保护中实现开发，在开发中实现保护

#### 1．集约用地

转变土地利用方式，要严格控制土地使用量，促进土地集约利用和优化配置，提高土地资源对经济可持续发展的保障能力。在大量农业人口进入城镇时，要适时对农村自然村落进行合并，加强土地复垦。

#### 2．加强能源技术开发及其成果的转化

要按国家的有关政策，提高资源综合利用和节能材料的技术开发能力与产业化水平，并增加这方面的投资。大力发展节水、节能型企业，提高资源的利用率，降低产品能源消耗量，保护生态环境。

#### 3．加强水资源管理及其合理开发利用

城镇的规模及风格建设要量水而行，按照水资源的实际供应能力，引导和调控需求，坚持社会经济的发展与资源、人口、环境相协调，实现城镇可持续发展。为此，要改进供水政策，降低用水量，提高工业用水的重复利用率，大力开发净水新技术，推广节水技术和装置，节约生活用水。

### (四) 培育生态产业，发展符合生态城镇要求的生态型经济

长期以来，经济落后地区的经济增长是建立在高消耗、低产出、高污染的粗放型经济发展模式基础上。特别是不少企业建在闹市区、居民区、文教区和水源地等环境敏感地区，非常不利于生态环境建设与保护。所以，经济落后地区在建设生态城镇过程中，必须优化产业结构，培育生态产业。

### 1．构建生态产业结构

在产业构成上，建立生态农业、生态工业、生态旅游构成的经济体系；在城镇体系布局上，按照生态功能区划的原则，建立诸如生态旅游经济区、林业生态经济区、绿色资源综合开发区等的城镇体系。

### 2．大力培育生态产业

建设生态农业，特别是加强以生态资源为优势的有机农业的建设，使粮食等种植业和养殖业实现良好的发展；积极引进外资，扩大本地工业企业的规模，改变设备陈旧、技术落后的现状，特别要加强污染治理；着重发展第三产业，特别是以旅游带动其他的发展。

### 3．结合技术改造和清洁生产

对原有的污染扰民企业进行搬迁关停，引导乡镇企业向移民城镇工业小区相对集中，连片发展，形成规模经营和聚集效应，促进产品和产业升级，加快向集约型增长方式的转变，同时提高污染集中处理水平。

## （五）加强基础设施建设，夯实生态环境保护基础

### 1．建设配套污水处理设施

建设污水集中处理厂，提高城镇污水处理率，采用多种处理方式处理城镇生活污水。工业比较集中的城镇应根据发展规模，规划建设有相应处理能力的污水处理厂，一般集镇要因地制宜建设地埋式污水处理装置，同时引导工业废水走向集中控制，降低投资和运行成本。

### 2．提高城镇清洁能源的利用率

采用太阳能、液化气、沼气等清洁能源，逐步建立集中的煤气或液化气管道，大力提倡集中供热供气；实行垃圾分拣制度，集中处理城镇垃圾，提高垃圾清运率和无害化处理率。

### 3．改善排水系统

改善城镇给排水系统，给水管采用环状管网与枝状管网相结合，提高供水的

安全性和可靠性。排水体制采用截流式合流制和分流制两种，将原有的沟渠改造成截流式合流制排水系统，使晴天污水和降雨初期水质较差的雨水通过截流干管汇集到污水处理厂处理后排放。

4．加强绿化

加强城镇绿化建设，创造良好人居环境。城镇规划应预留绿化用地，通过建设城镇园林、大型公共绿地、小区绿化带、街头绿化带、沿河绿化带、防护绿化带，提高人均绿化面积，恢复生态功能和植物的多样性。

## （六）扩大资金筹集渠道，建立多元化的资金投入机制

1．加大财政支持力度

加大财政转移支付的力度，在基础设施建设、生态建设、环境保护等专项补助资金的安排方面，向经济落后地区城镇倾斜。

2．金融机构支持

加大信贷支持力度，引导国有银行、股份制银行、外资银行等各类金融机构加大对经济落后地区生态建设和环境保护的信贷投入。

3．推进生态建设的地区协作与对口支援

在防止重复建设和禁止转移技术落后及污染环境项目前提下，采取有力措施支持东部、发达地区各种经济成分的企业到经济落后地区投资设厂，采取参股、入股、租赁、收购兼并、技术转让等多种方式进行合作，提高地方财政收入水平，提高建设资金投入水平。

## （七）加强小城镇建设的环境管理，保护生态环境

1．控制污染

严格控制新污染源的产生，停止审批重污染项目，控制建设轻污染项目，鼓励发展无污染项目；加大对老污染源的综合整治力度，对尚存的重污染、高物耗的企业，应有计划、有步骤地采用关、停、并、转、治等多种方式限制发展；加

强第三产业的环境管理，把好饮食、娱乐、服务等第三产业的审批关，通过合理选址、污染控制等措施减少其对周围环境的影响。

2．改善技术

建立生态环境现状数据库，以现代技术为依托，建立区域内自然环境状况、资源状况和社会经济状况等为主的数据库和图形库。建立环境卫星监测体系，及时掌握环境变化的动态，为环境整治、城镇建设管理策略的及时调整创造条件。在建立流域生态环境现状数据库的基础上，针对区域环境建立脆弱性的定性、定量分析模型系统，及时有效地开展环境保护。

3．科学评价

生态城镇评价指标体系要从各个方面反映城镇综合发展水平，包含明确的生态城镇发展影响因素、限制因子的定性、定量指标体系等，并定期进行评价考核，以对生态城镇建设发展和调控提供量化的参考信息，指导科学决策。

### （八）加强区域联合，充分发挥生态城镇的带动作用

1．综合规划

鼓励生态城镇建设走区域联合的道路，即把地缘比较接近的几个小城镇联合起来，通过发挥地区优势，取长补短，优势互补，促使产业结构合理化，提高区域经济的整体水平和长远效益。同时，通过区域联合，使各城镇的布局视野得到扩大，为城镇的可持续发展提供更广阔的空间。

2．科学设计

通过规划，多层次设计，形成多极点、分层次的城镇体系，各城镇之间既互相联系，又互为补充，成为一个开放的、网络化的整体。同时根据投资主体的多元化而导致的投资空间多极化和投资层次的分异，进行产业结构优化，合理有效地引导，形成城镇增长极核，起到示范带动作用。

3．联动发展

构筑城镇发展框架，带动城乡经济发展。众所周知，城镇与村庄之间便捷的

道路交通，有利于减少农产品进入交易市场的运输时间和成本、增加农民收入，有利于增强村庄与城镇之间的交流，从而强化城镇优美环境对农民的感化作用、城镇科技文化对农民的教育作用、城镇先进设施和先进管理对农民的服务作用等。实施生态城镇建设的各县区、各乡镇应把道路交通、电力电信、环境保护等基础设施建设摆在优先发展的重要位置，加快构筑生态城镇发展框架，带动城乡经济持续、快速发展。

## 三、统筹城乡发展，促进城建建设生态化

打破城乡二元结构，统筹城乡协调发展，是历史留给我们的现实课题。要做好这一课题，必须在深入研究的基础上，综合运用行政、经济、法律和市场手段，多管齐下、多策并举。概而言之，就是要大力调整经济社会发展的战略，重新构建国民收入分配格局，消除制约城乡协调发展的体制性障碍，加快农村生产方式的变革；就是要大力推进产业结构调整，增强工业反哺农业的能力，逐步拓宽农业人口向非农产业转移的渠道，提高特色农业的商品化、规模化和集约化水平，推进城乡互动，促进工农互补，实现城乡经济和社会协调发展。

根据中国城乡发展过程中的矛盾与问题，中国未来时期统筹城乡发展有五大重点领域。

### （一）统筹城乡经济社会发展

#### 1. 建设社会主义新农村是我国现代化进程中的重大历史任务

全面建成小康社会，最艰巨、最繁重的任务在农村。加速推进现代化，必须妥善处理工农城乡关系。构建社会主义和谐社会，必须促进农村经济社会全面进步。农村人口众多是我国的国情，只有发展好农村经济，建设好农民的家园，让农民过上宽裕的生活，才能保障全体人民共享经济社会发展成果，才能不断扩大内需和促进国民经济持续发展。当前，我国总体上已进入以工促农、以城带乡的发展阶段，初步具备了加大力度扶持“三农”的能力和条件。在今后的若干年里，必须抓住机遇，加快改变农村经济社会发展滞后的局面，扎实稳步推进社会主义新农村建设。

### 2. 加快建立以工促农、以城带乡的长效机制

顺应经济社会发展阶段性变化和建设社会主义新农村的要求，坚持“多予少取、放活”的方针，重点在“多予”上下功夫。调整国民收入分配格局，国家财政支出、预算内固定资产投资和信贷投放要按照存量适度调整、增量重点倾斜的原则，不断增加对农业和农村的投入。扩大公共财政覆盖农村的范围，建立健全财政支农资金稳定增长机制。要把国家对基础设施建设投入的重点转向农村。提高耕地占用税税率，新增税收应主要用于“三农”。抓紧制定将土地出让金一部分收入用于农业土地开发的管理和监督的办法，依法严格收缴土地出让金和新增建设用地有偿使用费，土地出让金用于农业土地开发的部分和新增建设用地有偿使用费安排的土地开发整理项目，都要将小型农田水利设施建设作为重要内容，建设标准农田。进一步加大支农资金整合力度，提高资金使用效率。金融机构要不断改善服务。加强对“三农”的支持。要加快建立有利于逐步改变城乡二元结构的体制，实行城乡劳动者平等就业的制度，建立健全与经济发展水平相适应的多种形式的农村社会保障制度。充分发挥市场配置资源的基础性作用，推进征地、户籍等制度改革．逐步形成城乡统一的要素市场，增强农村经济发展活力。

## （二）统筹城乡居民迁徙权

统筹城乡居民迁徙权是城乡统筹的又一重要领域。要实现统筹城乡发展，必须要建立相互开放的城乡发展机制。任何形式的封闭，都只能并且必然导致城乡差距拉大，城乡矛盾激化。

中国处于城市化的高速发展时期，大量的人口在流动、迁移，是非常正常和不可避免的社会现象。中国正在进入移民时代。随着城市化水平的提高，流动人口还将不断增加，流动性还会加大，直至中国进入城市社会。

在这一自然历史过程中，如果我们的社会和政府对流动人口采取宽容和接纳的态度，允许人口自由迁徙，那么，这些流动人口就可以在相对较短的时间内寻找到新的发展空间，基本稳定下来，融入正常的城市运行轨道。相反，如果我们的政策是封闭的，或者是半封闭的，或者是举棋不定的，对流动人口采取歧视、

排斥和不欢迎的态度，那么，社会的不稳定性将加剧，不稳定期将延长，甚至由积极的不稳定因素演变为消极的不稳定因素，整个国家将为城市化付出极其沉重的代价。

随着中国走进移民时期，面对规模庞大并将继续增长的流动人口，建立一套开放、公平和宽容的城市化政策体系刻不容缓。其中最为基本的内容就是彻底改革户籍制度，赋予全国公民以平等选择就业和生活的权利，赋予全国公民以自由的迁徙权。只有城乡相互开放，生产要素相互流动起来，城乡差别才有可能逐渐缩小，城乡一体化才具备基本的前提。

### （三）统筹发展基础教育

基础教育统筹是中国城乡统筹的主要任务之一，也是实现城乡统筹的根本依托，是解决城乡统筹其他问题的基础。

首先，统筹基础教育是新型工业化发展的需要。中国是在工业化与城市化过程中实现城乡统筹，大量的农村人口要进入城市，参与现代城市经济发展。如果农村基础教育缺乏，农村劳动力在市场上就会缺乏竞争和就业的能力，他们或者长期停留于低层次就业领域，或者干脆沦为失业和贫困，不仅不能成为新型工业化的有效力量。还会带来一系列的由都市贫困引发的社会矛盾，由城市化的积极因素变为消极因素。

其次，统筹基础教育是农业现代化的需要。工业化和城市化不仅是工业与城市发展的问题，也同时是一个农业和农村的发展问题，当大量的农村人口进入城市之后．农业的规模化和技术进步进程将大大加快，农业劳动力也必须由小生产者转变为现代农业技术产业工人，或者农业企业家。换言之，如果农村基础教育缺乏，将来我们的农民不仅在城市中做不好工人，在农村里也做不好农民。中国的农业竞争力就难以保证。

再次，是解决农村贫困的有效路径。贫困和返贫困一直是中国的重大问题。长期难以解决的贫困地区，一般都是自然环境条件太差、缺乏生存基础的地区。这些地区解决贫困的根本出路是贫困人口走出山区，进入城市，彻底更换生产生活环境。为此，最有效的、最低成本的措施莫过于发展基础教育。

要统筹城乡基础教育，必须从根本上改革地方政府办教育的制度，改为中央、地方政府共办基础教育。基础教育属于完全的公共产品，当地方政府无力提供时，中央政府需要承担起责任。一个比较可行的思路是：确立上一级政府通过规范的转移支付补助下一级政府提供基础教育财力的制度，以及在各级公共财政支出中基础教育优先原则。根据各省适龄人口及其结构计算出各地基础教育经费需求量．在地方财政支出方案中要优先满足基础教育支出，基础教育资金专款专用。当省一级人均财政支出低于全国平均水平时，根据缺口的多少中央财政给予基础教育专项拨款，满足地方基础教育经费支出的需要。在省、县、乡之间可以以此类推，保证各级各地基础教育的需要。

### （四）统筹社会保障

进入城镇的农村居民的相对稳定的工作与生活，有赖于统筹城乡社会保障制度。

当前，中国城镇的社会保障体系框架已经基本建立。但是，从城乡统筹发展的角度看，从积极稳定推进城市化的角度看，中国社会保障制度存在着重大缺陷：就是将进入城镇就业和落户的农民排除在绝大部分社会保障享受对象之外。其中最低生活保障明确不包括建制镇居民和农民工人，其他社会保障(失业保障、医疗保障、养老保险)对农民工能够享受的程度或者含混不清，或者干脆将他们排除在外。也即中国当前是一个城乡隔绝的社会保障制度。

数千万农村居民由于缺乏保障，使得他们并没有把进入城市当作追求目标，在城市就业只是作为一种短时期内获取比农村更高收入的手段。他们在城镇中无所依托，长期徘徊于城市与乡村之间，造成一系列的负面效应：一方面，在农村，他们不放弃土地经营权，限制了农村土地规模经营的进程和农业生产效率的提高；另一方面，在城市，他们不具有城市人的生活方式：他们缺乏追求学习和进步的激励机制：他们的收入大部分寄回家赡养老人及下一代，没有构成城市的有效购买力；更有甚者，他们在城市中工作若干年，仍然对城市陌生、惧怕甚至怀有敌意，在不如意时常常采取极端手段，严重影响了城市社会的稳定。

因此，统筹社会保障是统筹城乡发展的重要内容之一。在近期，统筹社会保障总的原则是扩大保障面，实行社会化。对进入非农产业就业的农村劳动力，特别是长期在城市中就业并生活的农村人口，实施与城镇居民统一的社会保障制度。

### （五）统筹城乡就业

就业统筹是城乡统筹的第四大领域。统筹城乡就业，最根本的举措是建立城乡统一的劳动力市场；其次是客观认识、梳理扩大城镇就业思路，并据此调整就业政策。

#### 1．深化就业与户籍制度改革．建立城乡一体化的劳动就业体系

要打破城乡分割的就业制度和户籍制度，取消一切限制农民进城的歧视性政策，建立城乡平等的就业制度和户籍制度，扩大农民就业渠道。坚持就地城镇化和就地就业为主的方针。充分发挥区域块状经济对吸纳农村劳动力就业的巨大作用，发挥县域与中心镇吸纳农村人口门槛低的优势，把工业园区与城镇新区建设结合起来，把产业集聚与人口集聚结合起来，增强区域块状经济和城镇吸纳农村劳动力的能力，促进农民进城务工经商和安居乐业。以提高农村劳动力就业率为重点，按照“公平对待，合理引导，完善管理，搞好服务”的方针，建立统一、开放、竞争、有序的劳动力市场和城乡一体的劳动力就业体制、就业服务体系及劳动就业政策，实现城乡劳动力平等就业。采取“政府买单、市场运作”的方法，加强农村劳动力就业培训，引导农业劳动力向第二、三产业转移，促进农村居民劳动就业者能享有城镇居民劳动就业者同等的权利和义务，加快推进城乡劳动就业一体化。

#### 2．统筹城乡就业政策，加快农村劳动力的流动和转移

为此，一要统筹城乡就业政策，将农村劳动力就业纳入国家整体就业规划，把积极的财政政策与积极的就业政策结合起来。二要积极调整产业布局，重视劳动密集型制造业的发展，积极扶持乡镇企业，努力创造就业机会再创农村非农产业辉煌。三要大力开展对农村劳动力的职业技术培训，增强农村劳动力自就业能力。

## 六、城乡协调发展评价

### （一）城乡协调发展评价指标体系

根据高起点、高标准、科学性、全面性、系统性、可操作性等原则，建立由四级指标构成的指标体系(见表8-1)，并根据发达国家的指标数据以及对城乡协调的认识提出相应的标准值。该四级指标的意义如下：

(1) 一级指标是城乡协调发展度，是最终的结论性的评价指标。

(2) 二级指标是城乡统筹发展的不同方面的概况，具体包括城乡人口协调度、城乡经济协调度、城乡社会协调发展度、城乡空间协调发展度和城乡环境协调发展度。

(3) 三级指标是针对城乡协调发展的具体内容进行分类，包括居住、就业、经济效益、经济平衡度、信贷、财政、税收、文化教育、医疗卫生、社会保障1、城市化水平、交通、污染治理、生态建设等。

(4) 四级指标是根据城乡协调发展的具体内容所确立的最基本操作指标，在数据可得性的基础上尽可能地包括重要的指标，共包括36个指标。

表 8-1　城乡协调发展评价指标体系

| A层 | B层 | C层 | D层 | 指标性质 | 组合取向 |
|---|---|---|---|---|---|
| 城乡协调发展度 | 城乡人口协调发展度 | 居住 | 1．城乡户籍制度开放度 | 定性判断 | 完全放开 |
| | | 就业 | 2．城乡就业制度开放度(就业领域及待遇的公平) | 定性判断 | 完全放开 |
| | | 经济效益 | 3．人均 GDP | + | 越大越好 |
| | | | 4．单位面积国土创造的 GDP | + | 越大越好 |
| | | | 5．全员劳动生产率(平均每个劳动力创造的 GDP) | + | 越大越好 |
| | | | 6．百元固定资产原价实现产值 | + | 越大越好 |
| | | | 7．非农产业占 GDP 的比例 | 与经济发展阶段相符 | |
| | | | 8．万元 GDP 综合耗能 | — | 越小越好 |
| | | 经济平衡度 | 9．城乡居民人均收入及其对比 | + | 1.2～1.5 |
| | | | 10．城乡居民消费水平及其对比 | + | 1.2～1.5 |
| | | | 11．城乡恩格尔系数及其对比 | — | 1.2～1.5 |
| | | 信贷 | 12．金融机构短期工业贷款与农业贷款比／工业与农业产值之比 | 与产业结构对应 | 趋向 1 |
| | | 财政 | 13．第一产业占固定资产投资额比重与第一产业占 GDP 比重之比 | 与产业结构对应 | 趋向 1 |
| | | | 14．城乡人均固定资产投资比／城乡人均收入比 | + + | 趋向 1 |
| | | | 15．城乡人均维护建设费、农业人均基础设施投资及其对比 | + | 1.0～1.2 |
| | | 税收 | 16．是否免除农业税 | 反哺阶段 | 1 |

续表

| A 层 | B 层 | C 层 | D 层 | 指标性质 | 组合取向 |
|---|---|---|---|---|---|
| 城乡协调发展度 | 城乡社会协调发展度 | 文化教育 | 17．城乡人均教育、文化艺术和广播电影电视业从业人员比 | 与社会发展相符 | 1.5～1.8 |
| | | | 18．城乡基础教育师资学历达标率及其对比 | + | 1.0～1.2 |
| | | | 19．城乡人均文化生活服务消费额及其对比 | + | 1.2～1.5 |
| | | | 20．城乡人均教育投资及其对比 | + | 1 |
| | | | 21．城乡人均文化、体育、娱乐业投资及其对比 | +　+ | 1 |
| | | 医疗 | 22．城乡千人拥有医生数及其对比 | + | 1.1～1.3 |
| | | 卫生 | 23．城乡千人拥有医院床位及其对比 | + | 1.1～1.3 |
| | | | 24．城乡人均卫生、社会保障、社会福利投资及其对比 | + | 1 |
| | | 社会保障 | 25.(城镇被救济人口人均救济额 / 城镇最低保障标准) / (农村被救济人口人均救济额 / 农村最低生活保障) | +　+ | 1 |
| | | | 26．城乡人均公共管理和社会组织投资及其对比 | + | 1 |
| | | | 27．城乡三险覆盖率及其对比 | + | 1.0～1.2 |
| | | | 28．城镇、农村生活饮用水安全人口比例及其对比 | + | 100% |
| | 城乡空间协调发展度 | 城市化水平 | 9．城镇人口占总人口比例 | 与城镇化规律相符 | 趋向 70% |
| | | 交通 | 30．农村行政村通公路的比例、城镇人口人均道路面积 / 理想最大值及其对比 | +　+ | 100% |
| | 城乡环境协调发展度 | 污染治理 | 31．城市污水处理率、乡村生产污水处理率及其对比 | | 1 |
| | | | 32．城镇垃圾无害化处理率、乡村垃圾无害化处理率及其对比 | + | 1 |
| | | | 33．固体垃圾综合利用率及其对比 | + | 100% |
| | | 生态建设 | 34．城镇空气质量达标率 | 二级及以上天数 | 100% |
| | | | 35．城镇水环境达标率、农村水环境达标率及其对比 | + | 1 |
| | | | 36．城镇人口人均绿化面积、全地区植被覆盖率及其对比 | + | 1 |

## (二) 城乡协调发展综合评价模型的构建

上述指标从不同角度反映城乡协调发展的内涵，为了获得整体的比较结果，必须将这些指标总合成一个指标，即构造“协调度”模型。

指标综合有多种方法，这里采用乘法和加权乘法的思路构建综合模型。设所考察的对象由两个组成部分，用一个指标反应它们的效率特征，如人均收入。但各组成部分的含义和理想值可能有差别，如城镇人均可支配收入和农村人均纯收入，都是描述收入的，但二者的统计方法和实际价值却不是简单的1∶1关系。因此，在测算公平时，不能要求二者完全相同，而应是城镇人均可支配收入略高于农民人均纯收入。基于这些考虑，设计如下的两个组分、一个效率指标的效率—公平协调度模型(多效率指标可以用层次分析法、因子综合法等将其先合成一个效率指标)，即

$$K=\sqrt{k_1 k_2}$$

式中：$k_1$是效率(有效度)，即

$$k_1=\frac{\frac{x}{x_0}+\frac{y}{y_0}}{2} \quad (0\leqslant k_1\leqslant 1)$$

式中：$x$、$y$分别是两个组分的效率指标；$x_0$、$y_0$分别是两个组分对应的理想值(或充分大)。两个组分的理想值不一定相同，对于城、乡人均收入来说，二者的理想极大值是不应相同的，因为同样的收入，所能保证的生活水平(质量)是不同的——乡村物价更低一些，水、卫生、住房等，尤其明显。本书认为，将两者的比例关系设置为1.2∶1较为合适。

效率公式的含义是：第一个对象(如乡村)的效率(接近理想最大值的程度)与第二个对象(如城市)的效率之算数平均值。不论哪个效率提高，都对总效率有贡献。这里把二者的贡献视作相等。如果两个对象的体量不一样大，应该以它们的加权平均值为准。效率度介于0～1之间。

式$K=\sqrt{k_1 k_2}$中，$k_2$是公平(公平度)，即

$$k_2=\frac{e^{-\left|\frac{x}{x_0}-\frac{y}{y_0}\right|}-e^{-1}}{1-e^{-1}} \quad (0\leqslant k_2\leqslant 1)$$

公平公式的含义是：协调度与两个对象的效率之差成负相关。在总效率($k_1$)保持不变的情况下，提高协调度的关键是加快弱势地区(群体)的发展(即提高其效率)。

这样，协调度公式就可以写成

$$k=\sqrt{(\frac{x}{x_0}+\frac{y}{y_0})\frac{e^{-\left|\frac{x}{x_0}-\frac{y}{y_0}\right|}-e^{-1}}{2(1-e^{-1})}} \qquad (0\leqslant k\leqslant 1)$$

此模型揭示的规律是：协调取决于效率和公平两个方面(二者缺一不可)。首先是效率问题，没有效率就没有协调；一个组分的效率保持不变，另一个组分效率在提高，虽然二者的差别扩大了，但并不一定是不协调(要看 $k_1$ 和 $k_2$ 哪个增长得更快，以及走 $k_1$，$k_2$ 乘积的变化)。

如果所考察的因素太多，按上述思路构造的模型将非常复杂，计算工作量也将太大。为此，建议使用AHP层次分析法，先确定各级各个指标的权重 $C_i$，然后将各个指标的数值与理想值进行比较，得出分值 $X_i$。如果 $X_i>1$，取其倒数；$X_i<1$，保留原值。这样所有指标值范围都介于0～1之间。最后进行逐级加权加和就可得到一级指标——城乡协调发展度的数值。数值越接近1，说明城乡发展越协调。

# 参考文献

[1] 岳希明．透视中国农村贫困[M]．北京：经济科学出版社，2007．

[2] 王碧玉．中国农村反贫困问题研究[M]．北京：中国农业出版社，2006．

[3] 韩劲．走出贫困循环——中国贫困山区可持续发展理论与对策[M]．北京：中国经济出版社，2006．

[4] 马丁．贫困的比较[M]．北京：北京大学出版社，2005．

[5] 曾震亚．退人还山：贫困山区发展新思路[M]．北京：民族出版社，2005．

[6] 闫天池．中国贫困地区县域经济发展研究[M]．大连：东北财经大学出版社，2004．

[7] 李文华．生态农业——中国可持续农业的理论与实践[M]．北京：化学工业出版社，2003．

[8] 严法善．环境经济学概论[M]．上海：复旦大学出版社，2003．

[9] 毛如柏，冯之浚．论循环经济[M]．北京：经济科学出版社，2003．

[10] 陆大道．中国区域发展的理论与实践[M]．北京：科学出版社，2003．

[11] 德尼．发展伦理学[M]．北京：社会科学出版社，2003．

[12] 范金．可持续发展下的最优经济增长[M]．北京：经济管理出版社，2002．

[13] 王苏民，林而达．环境演变对中国西部发展的影响及对策[M]．北京：科学出版社，2002．

[14] 邓南圣，吴峰．工业生态学——理论与应用[M]．北京：化学工业出版社，2002．

[15] 樊杰、孙威、陈东．“十一五”期间地域空间规划的科技创新及对“十一五”规划的政策建议[J]．中国科学院院刊，2009(6)：601～609．

[16] 冯怀珍. 后发优势与新疆区域经济跨越式发展[D]. 乌鲁木齐：新疆师范大学，2007.

[17] 高中华. 环境问题抉择论——生态文明时代的理性思考[M]. 北京：社会科学文献出版社，2004.

[18] 郭杰忠. 生态保护与经济发展互动关系探析[J]. 江西社会科学. 2008(6): 13-17.

[19] 郭熙保，胡汉昌. 后发优势研究述评[J]. 山东社会科学，2002(3)：11-13.

[20] 郭熙保，马媛媛. 发展经济学与中国经济发展模式[J]. 江海学刊. 2013(1): 72-79.

[21] 郭艳华. 走向生态文明[M]. 北京：中国社会出版社，2004：132.

[22] 童玉芬. 人口与可持续发展[M]. 北京：中国人口出版社，2001.

[23] 姚建. 环境经济学[M]. 成都：西南财经大学出版社，2001.

[24] 刘燕华，李秀彬. 脆弱生态环境与可持续发展[M]. 北京：商务出版社，2001.

[25] 刘燕华，周宏春. 中国资源环境形势与可持续发展[M]. 北京：经济科学出版社，2001.

[26] 江伟钰，陈方林. 谁是资源环境的罪人[M]. 北京：中国审计出版社，2001.

[27] 刘天齐. 环境保护[M]. 北京：化学工业出版社，2001.

[28] 陈大夫. 环境与资源经济学[M]. 北京：经济科学出版社，2001.

[29] 加勒特. 生活在极限之内——生态学、经济学和人口禁忌 [M]. 上海：上海译文出版社，2001.

[30] 张淑焕. 中国农业生态经济与可持续发展[M]. 北京：社会科学文献出版社，2000.

[31] 王兆春. 中国生态农业与农业可持续发展[M]. 北京：北京出版社，2000.

[32] 杨桂华，钟林生，名庆忠．生态旅游[M]．北京：高等教育出版社，2000.

[33] 马光．环境与可持续发展[M]．北京：科学出版社，2000.

[34] 王信领．可持续发展概论[M]．济南：山东人民出版社，2000.

[35] 周毅．21世纪中国人口与资源、环境、农业可持续发展[M]．太原：山西经济出版社，1999.